マンガでわかる

脳と心の科学

監修——篠原菊紀
漫畫——姫野 YOSHIKAZU・MICHE Company
翻譯——陳令嫻

前言

「心」在哪裡？「心」又是什麼？

這兩個問題很短，回答起來卻很難。科學不會馬上回答這類問題，而是先「假設」答案，再收集資料。

比如假設「戀愛」和「心」有關，所以「戀愛」時「大腦」應該會出現一些反應。科學家於是招集戀愛中人，給他們看伴侶的照片，調查他們的腦部出現哪些活動。如此一來就能明白，談戀愛時大腦的哪些部位或網絡會活化，而哪些部位或網絡反倒沉靜下來。

此外科學家還會調查「緊張」、「心動」與建立起「情誼」時，腦部會出現哪些反應；我們的腦是如何感應溫度的「溫暖」，這和心情的「溫暖」又有何不同？科學家透過這些研究，一步步釐清這些「貌似心靈感覺」的反應和大腦中的哪些部位或網絡有何關聯。於是，我們開始覺得「心」與「腦」是有關聯的——「心」乃是「腦」作用的結果。

因此想要了解「人心」，我們得從了解「腦」著手。想要釐清「心」的反應所交織而成的現象，自然就得透過腦科學來研究。不僅神經科學的教科書會講解腦部機制，心理學、經濟學、法學和倫理學的教科書也多少會提及。

本書搭配漫畫，以簡單明瞭的方式說明腦部機制。例如人類是如何看，又是否會留意所有映入眼簾的物體？聽得見是怎麼一回事，腦部與聽覺又有何關係？說明中交雜最新的研究結果，同時揭露外界與大腦、身體現象與大腦，以及心靈與大腦的關聯。另外還更進一步簡單介紹人工智慧研究的類神經網路，以及它超過人類腦部極限的情況。本書介紹了所有目前了解人類、社會以及自己所需的腦部知識。

現在「你」由於閱讀這篇文章而感受到我的心，而感受我的心的是「你的腦」。解讀我的心不是透過我的腦，而是你的腦部活動。倘若你覺得「這種心動的感覺正是源自我的內心」，可以說心是在心臟附近；倘若能從伴侶指尖的動作看出他的內心，伴侶的心就可以說在指尖吧！從文學的角度來看，眾人仰望的月亮、春風、流水也都有心。當然人工智慧也有心，也會談戀愛。

希望讀者透過本書，都能了解腦部對我們有多麼切身的影響。

篠原菊紀

「腦」和「心」有關係嗎？

春天到了——
我順利修完共同選修，升上了大三。感覺自己距離當老師這個夢想愈來愈近，實在很高興。
從今天開始改到新的校區上課！
要開始上正式的教育學程了！
好期待！
池田大學教育學院
三年級　原紀子
café
啊！
咦？這地方居然有咖啡廳……
café
好時髦喔～

噹啷！
歡迎光臨！
嗯……我要咖啡歐蕾。
這家店的招牌是大吉嶺紅茶喔！
咦？

好……那就給我大吉嶺。
好的。
笑咪咪
那個人是誰啊……
請慢用。
好美喔！♥
喀嚓
喀嚓
喀嚓
拍照上傳IG～～
哇！好好喝喔！

喝過這家的紅茶，其他店泡的紅茶就喝不下去了。
沒想到紅茶居然可以這麼好喝……
你是池田大學的學生吧！
咦？
您怎麼知道的？
因為這隻熊？
不好意思，請問您和本校有什麼樣的……
關係呢？
鈴鈴鈴鈴鈴
啊！
好好好，我知道啦！
我現在馬上回去。
我們改天見！
噠噠 噠噠

那個人究竟……
是誰啊？
……你是哪個學院的？
咦？
那你是……？
我是工學院，現在四年級。
我念教育學院，現在大三。
所以從今天開始來到這個校區上課……
我選修了他的講座課程。
咦！
剛才那個人是教授？
池田大學工學院
四年級　小津光一郎

是啊！
學生給他取了
「鬍子老師」
這個綽號。
研究專長是「腦和心」。
喔……
腦與心……
跟我沒
什麼關係……
有關係！
咦？
池田大學工學院
教授「鬍子老師」
如果你想當老師，
這門學科……
就一定得懂。
如果你想要
了解……
學生的心……
腦跟心……
究竟有什麼
關係呢!?

第4章 腦與疾病

第5章 腦的機制

本書登場人物介紹

鬍子老師

池田大學工學院教授，研究專長是「腦與心」，經常在戶外上課。

小津光一郎

池田大學工學院四年級。為了自己的研究而拜鬍子老師為師。

原紀子

池田大學教育學院三年級。夢想是當老師，正在努力研修取得教職資格的課程。

歡迎來到腦的世界！

幾天後——
結果一查……
選修課程裡還真的有「關於腦與心」。
脳と心について
另外……那個人跟我說，如果想知道「腦與心」……
來這裡就對了……
動物園
動物園……
可愛動物區
啊！遇到啦！
請問……

很可愛吧～～
呃……對啊！
你也抱抱看兔子吧！
咦？
軟綿綿的～♪
好療癒喔～♪
你知道兔子的腦有多重嗎？
……？
10公克。
好輕！
成年男子的腦大約是一千五百公克。
喔～～
所以人類是非常複雜的。
請問……
「腦」與「心」它們兩者之間究竟有什麼關係呢？

來！我們去下一區！
據說黑猩猩是和人類最接近的靈長類動物。
但黑猩猩無論花上多久時間，都不可能變成人類。
人類也不可能變成黑猩猩。
現在所有生物目前的模樣，正是他們演化的頂點。
這就是一般常說的「多樣性」！
為什麼……突然……
鬍子老師
在說明「演化」。
你說你想了解「腦與心」的關係，對吧？
呃……嗯……
我……
突然遮上

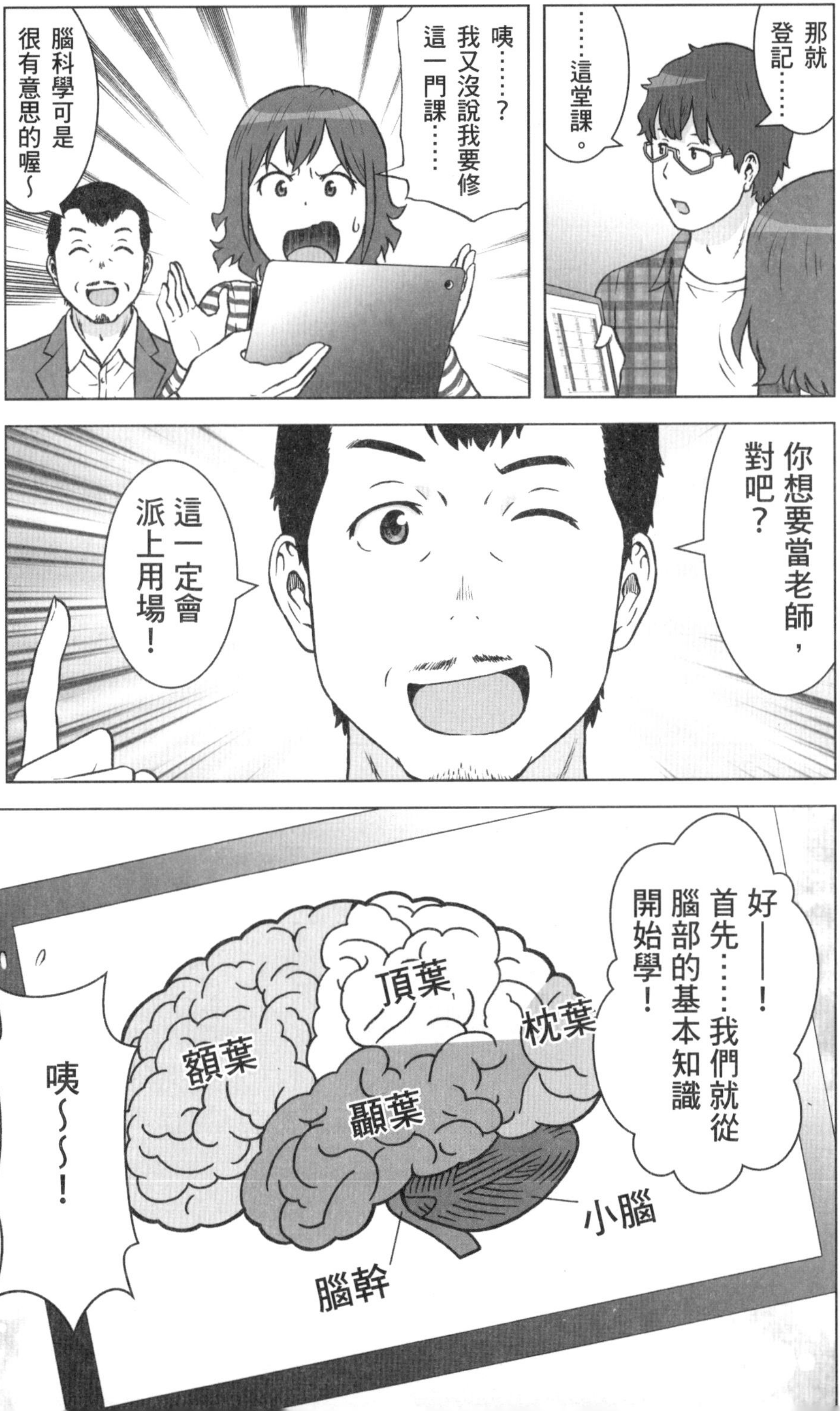
那就登記……
……這堂課。
咦……？我又沒說我要修這一門課……
腦科學可是很有意思的喔～
你想要當老師，對吧？
這一定會派上用場！
好——！首先……我們就從腦部的基本知識開始學！
頂葉
枕葉
額葉
顳葉
小腦
腦幹
咦～～～！

隨著動物演化，腦部跟著演變！

魚類、兩棲類、爬蟲類

這幾類動物主導獵食、繁殖等本能行為的「腦幹」特別大，大腦中幾乎都是主導本能與原始情感的構造。

【爬蟲類】
鱷魚

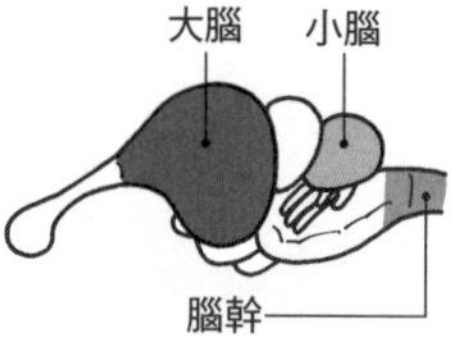
大腦
小腦
腦幹

【兩棲類】
青蛙

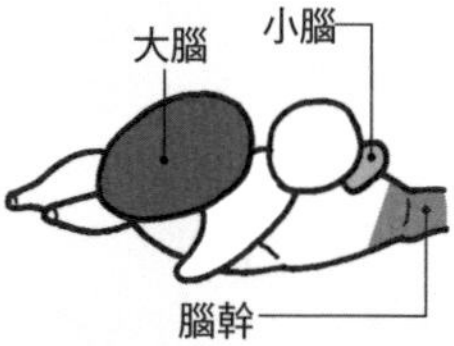
大腦
小腦
腦幹

【魚類】
鱈魚

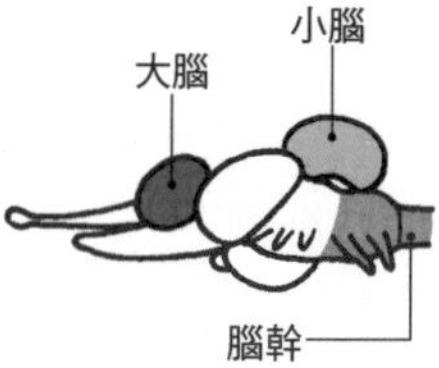
小腦
大腦
腦幹

魚類、兩棲類與爬蟲類的大腦中，主導本能行為與原始情感的部位特別發達，這些部位稱為「原皮質」、「古皮質」（古老的皮質）。

大腦逐漸大幅演化！

地球上所有脊椎動物都有腦部。然而距今38億年前，地球上第一個誕生的生命是沒有腦的。地球生命出現腦部，據說是始於距今大約5億年前的奧陶紀。

魚類、兩棲類、爬蟲類、鳥類、哺乳類與靈長類等脊椎動物，是在奧陶紀之後出現的，牠們的腦部構造大致一樣，不同的是腦部大小與各部位所占的比例。各類生物為了在所處環境中生存下去，生存所需的必要器官自然會隨之發達，不需要的器官逐漸退化，所以腦部的演化可說顯示了各種生物的演化史。

靈長類

「大腦新皮質」更加發達，出現跟高等智慧與行動相關的聯合區。聯合區發達是「人類的象徵」，人類的大腦皮質大約有九成是新皮質。

鳥類、哺乳類

「小腦」與「大腦」發達變大。大腦出現新皮質、掌管感官的視覺區和聽覺區、掌管運動的運動區等新功能。

【靈長類】
黑猩猩、人類

【哺乳類】
大鼠

【鳥類】
鵝

大腦
小腦
腦幹
大腦
腦幹
小腦
大腦
小腦
腦幹
大腦
小腦
腦幹
鳥類與哺乳類的腦部中，更為發達、掌管複雜功能的部位，稱為「新皮質」(也就是新的皮質)。

出現感覺區和運動區等部位，因而得以進行更複雜的活動！

人類的腦部具備什麼樣的結構呢？

人腦構造圖

腦部是由大腦、間腦、小腦與腦幹所組成，其中體積最大的是大腦。大腦的表面是新皮質，裡層則分為大腦邊緣系統與基底核；其中基底核是連結大腦新皮質與視丘、腦幹的神經核團。

別擔心記不住這些名稱，後面我們還會反覆提到它們喔！

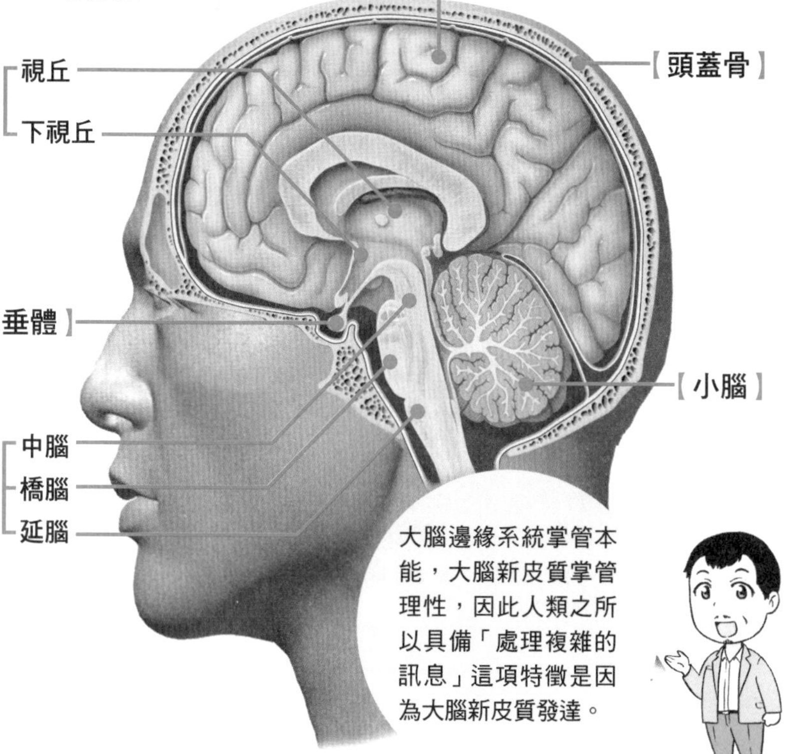

【大腦】
大腦新皮質
大腦邊緣系統
基底核（位於大腦深處）
【頭蓋骨】
【間腦】
視丘
下視丘
【腦下垂體】
【小腦】
【腦幹】
中腦
橋腦
延腦

大腦邊緣系統掌管本能，大腦新皮質掌管理性，因此人類之所以具備「處理複雜的訊息」這項特徵是因為大腦新皮質發達。

成年男子的腦部重量約莫1500公克，占全身體重的2％，其中比重最重的是大腦。大腦表面是「新皮質」，會這樣稱呼是因為：大腦表面3 mm以內的部位是比較晚才演化出來的。

縱向切開大腦，可以看到大腦皮質裡層稱為「白質」的部位，由神經細胞體延伸而出的神經纖維遍布大腦內部，錯綜複雜。深入中心則是神經核團匯集之處，稱為基底核。

\ 2 /

大腦皮質的構造

大腦皮質由外側溝、中央溝與頂枕溝等數條深陷的腦溝所區隔，分為額葉、顳葉、頂葉與枕葉共四個區域。位於外側溝深處的島葉從外側是看不到的。

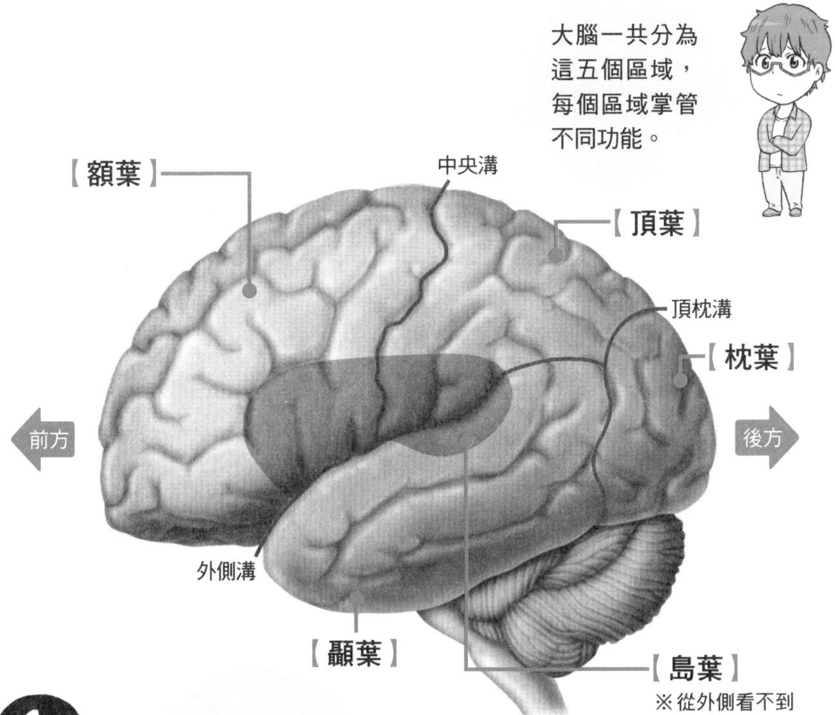
大腦一共分為
這五個區域，
每個區域掌管
不同功能。
【額葉】
中央溝
【頂葉】
頂枕溝
【枕葉】
前方
後方
外側溝
【顳葉】
【島葉】
※從外側看不到
這構造。

腦溝的深度和長
度因人而異，目
前科學家正在研
究那是否與能力
有關。

腦子裡頭居然有巨大的網絡!?

神經細胞的構造

神經細胞（neuron）又稱為神經元，它的外觀包含由細胞體延伸而出的一根軸突，以及分支呈樹狀的樹突；構造包括儲存遺傳訊息DNA的細胞核，與提供能量的粒線體等等。

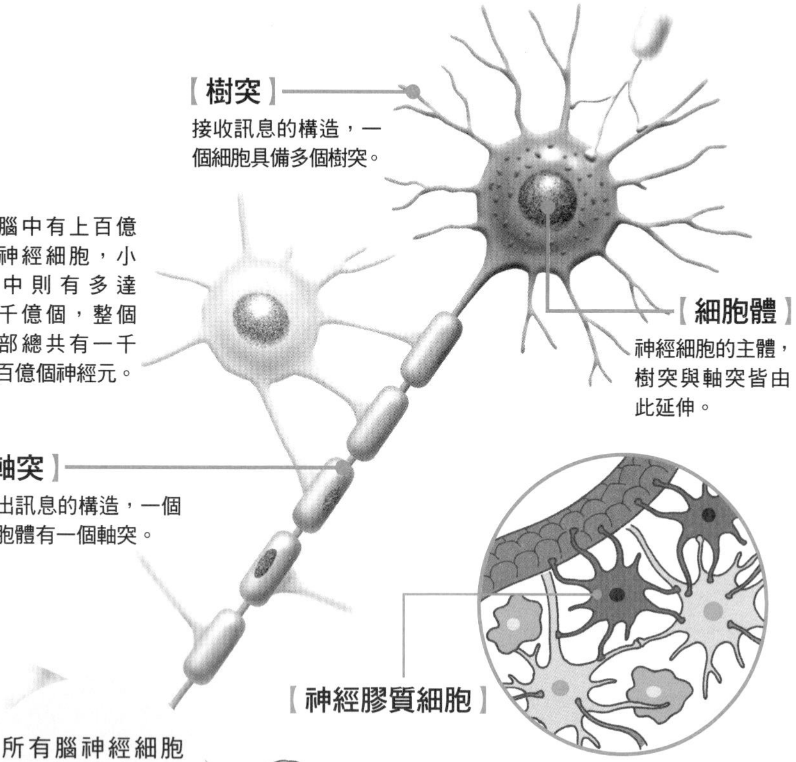
【樹突】
接收訊息的構造，一個細胞具備多個樹突。
【細胞體】
神經細胞的主體，樹突與軸突皆由此延伸。
【軸突】
輸出訊息的構造，一個細胞體有一個軸突。

大腦中有上百億個神經細胞，小腦中則有多達一千億個，整個腦部總共有一千數百億個神經元。

【神經膠質細胞】

存在於腦部，數量與神經細胞相當，甚至更多。負責提供神經細胞營養、固定神經細胞的位置，以及處理訊息傳遞。

所有腦神經細胞的軸突與樹突的總長度，據說長達一百萬公里。

神經細胞又稱為神經元，它們藉由發送電訊號來傳遞訊息。從神經細胞延伸而出的樹突，負責接收其他神經細胞發送的電訊號。樹突接收電訊號後，透過輸出裝置「軸突」傳遞至其他神經細胞。軸突末端連結其他神經細胞的部位稱為「突觸」。神經傳導物質透過突觸發送來傳遞訊息，腦中因而形成複雜的網絡，訊息在網絡中以電訊號形式傳遞，發揮各種功能。

\2/

突觸與神經傳導物質

神經細胞彼此連結的部位稱為「突觸」。神經細胞之間的訊息傳遞，都是由突觸間的神經傳導物質負責。

接收電訊號時，突觸前細胞中的突觸小泡細胞膜會彼此結合，在突觸間隙分泌神經傳導物質。

神經傳導物質透過結合下一個神經細胞的受體，而促使離子流進突觸後細胞，藉以傳遞訊息。神經傳導物質包括多巴胺、血清素、麩胺酸等，總共一百多種物質。

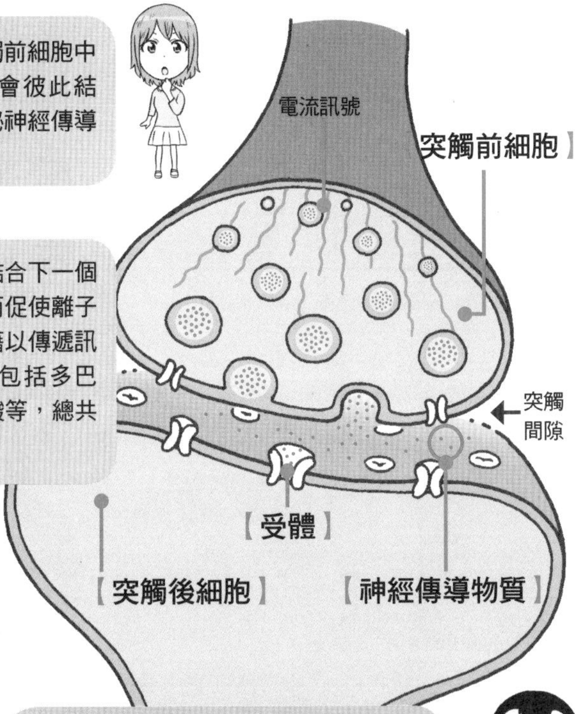
電流訊號
【突觸前細胞】
突觸間隙
【受體】
【突觸後細胞】
【神經傳導物質】

神經傳導物質一進入突觸前細胞末端的突觸小泡，便會促使小泡的細胞膜相互結合，進而釋放傳導物質。

突觸與受體之間的縫隙（突觸間隙），寬度僅僅數萬分之一毫米（mm）。透過軸突傳送而來的電訊號無法跨越這道窄縫，所以才會轉換為神經傳導物質！

神經會向我們的全身下達指令!!

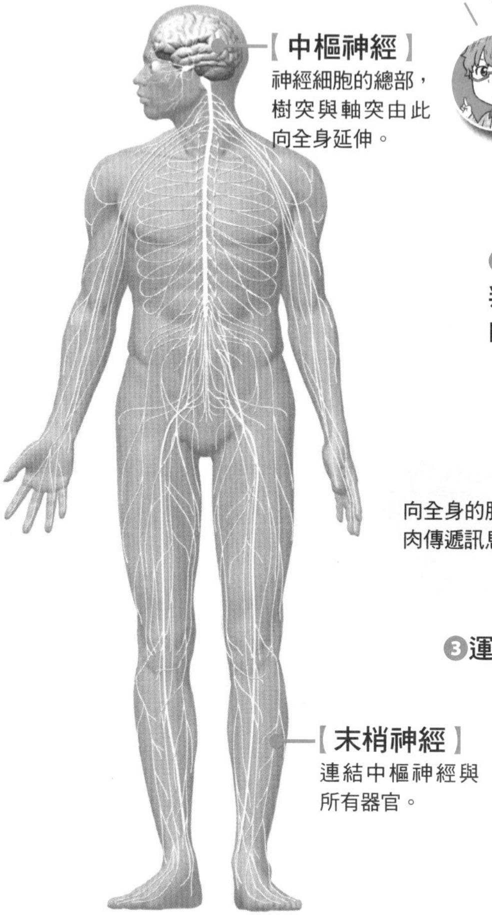
【中樞神經】
神經細胞的總部，樹突與軸突由此向全身延伸。
【末梢神經】
連結中樞神經與所有器官。

全身的神經系統

神經像是一張網，延伸到體內四處，錯綜複雜，它的作用是調整各類功能。

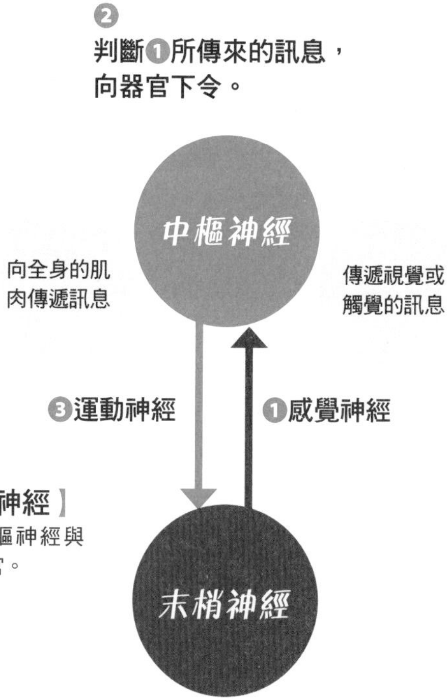
❷
判斷❶所傳來的訊息，向器官下令。
中樞神經
向全身的肌肉傳遞訊息
傳遞視覺或觸覺的訊息
❸運動神經
❶感覺神經
末梢神經

末梢神經包括自律神經，自律神經又分為「交感神經」與「副交感神經」，它們負責調節血壓、體溫、呼吸與脈膊等等。

交感神經負責積極活動，副交感神經負責放鬆休息。

人體中布滿負責傳遞腦部訊息到全身上下的神經。神經連結體內的各種器官，負責來回傳遞腦部與器官發送的訊息。

神經系統包括中樞神經（由腦部與脊髓構成）和末梢神經（連結中樞神經與器官）。中樞神經整合來自全身的訊息，下達指令。根據中樞神經與末梢神經連結的方式，又分為連結腦部與末梢的腦神經，以及連結腦部與脊髓的脊髓神經。

\2/

腦神經與脊髓神經

根據中樞神經與末梢神經的連結方式，由腦部延伸至臉部為主的身體各處的腦神經共有12對，由脊髓延伸至身體所有角落的脊髓神經則有31對。

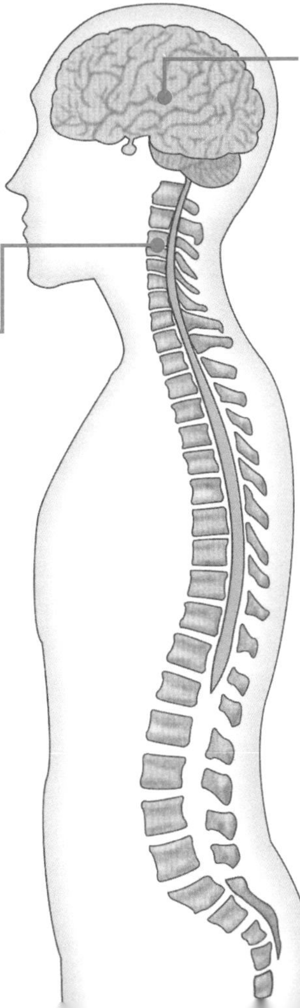

向腦部傳遞訊息的感覺神經，與接收感覺訊息而向身體下達指令的運動神經，兩者相輔相成，一同發揮功能。

【腦神經（12對）】

連結腦幹的神經，具備神經核；包括感覺神經、運動神經與自律神經等等。

感覺神經

傳遞對眼耳口鼻、臉部肌膚和黏膜等的刺激。

運動神經

控制眼球外肌、表情肌、咀嚼肌等肌肉。

自律神經

控制淚水與口水等等。

【脊髓神經（31對）】

從脊髓延伸而出的神經，和腦神經一樣包含感覺神經、運動神經與自律神經。

感覺神經

傳遞痛覺、溫度感覺等來自外界的刺激。

運動神經

聯繫全身的肌肉。

自律神經

掌管血液與分泌腺體等等。

自律神經是掌管維持生命功能的神經，會自動調節內臟與器官的活動。

專欄
1

注射年輕人的血液
真的會變年輕嗎？

年輕的血液具備「返老還童」的功效——這種聽起來像是騙人的研究成果在2014年相繼出現。

第一個研究是抽取出生三個月的年輕小鼠（換算成人類年紀相當於20到30歲）的血液，反覆輸血給出生十八個月（換算成人類年紀相當於56到69歲）的高齡小鼠。後者的腦部構造在輸血之後，出現返老還童的現象，認知功能（腦部功能）獲得改善（*1）。相同的實驗還出現肌肉構造返老還童的結果，但是連腦部都有相同效果實在是令人驚訝。紐約甚至出現輸入年輕人血液的診所。

另一個返老還童的研究，是發現血中生長分化因子GDF11這種體內生成的蛋白質，會隨著老化而逐漸減少。補充GDF11可以促進老化小鼠的腦血管和神經新生，改善肌力和肌耐力。

研究人員針對出生十五個月（換算成人類年紀相當於40歲左右）的小鼠一天施打GDF11一次，連續施打一個月，結果發現腦血管增加5成，神經幹細胞增加29%。最驚人的是肌肉量居然變成2倍，肌耐力也變成1.5倍（*2）。這代表補充GDF11或許能治療老化造成的神經退化障礙、神經血管疾病與骨骼肌肉障礙。

繼發現輸入年輕小鼠的血液（血漿）到高齡小鼠身上可以促進腦部返老還童，另有研究還發現肌肉量與肌耐力等身體能力也隨之恢復。

抗老對於世界上大多數人都是重要的課題，返老還童或許出乎意料需要「來硬的」。

（*1）Villeda S.A. et al Nat Med. 2014
（*2）Wagers AJ. et al Science. 2014

第1章

腦與身體

腦部掌管我們的五感，也就是視覺、聽覺、嗅覺、味覺與觸覺。
這一章要告訴各位，我們的腦究竟如何認知我們所看到、
聽到、聞到、嘗到和摸到的事物。

腦部掌管我們的五大感覺！

你選了什麼課呢？
我選好了！
我也已經選好了～～
……
怎麼辦……
我真的要修那個教授跟奇怪學長的課嗎……？
嗯～～
選課單……
哇！
提了嗎？

呃……我還在猶豫……
他是誰啊？
竊竊私語
遮上
那個人是誰啊？
這是情書嗎？
嗟嗟嗟嗟
翻閱
致未來的老師，
下一回的特別講座
舉辦地點在這裡
↓
大都會巨蛋
○日○點集合！
鬍子老師上
咦？下次在遊樂園!?
約會嗎？
哇～
幾天後——
還是來了……
好！就今天下決心！到底要不要修這門課。

※——

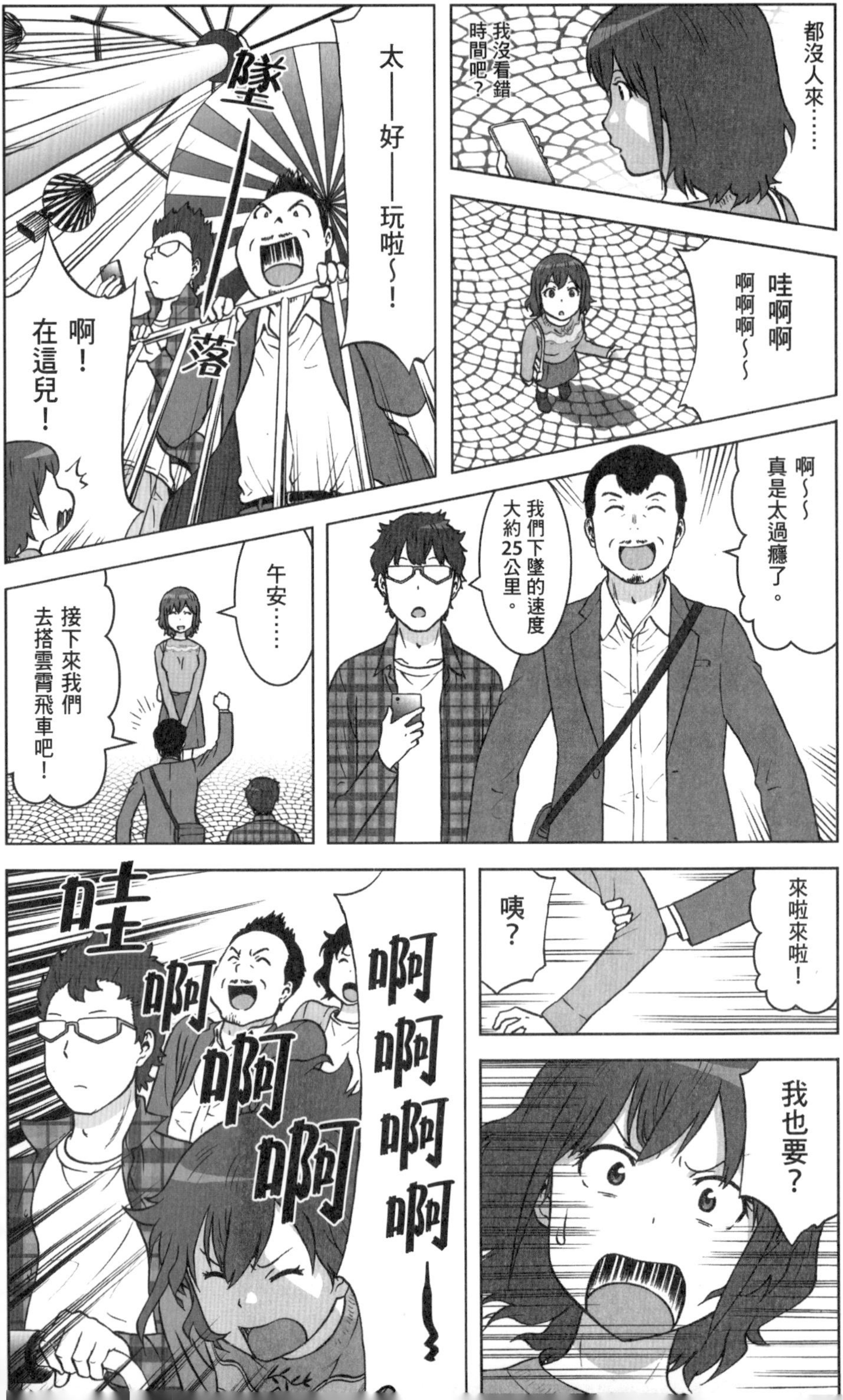
都沒人來……
我沒看錯時間吧？
哇啊啊啊啊啊～～
太——好——玩啦～！
墜
落
啊！在這兒！
啊～～真是太過癮了。
我們下墜的速度大約25公里。
午安……
接下來我們去搭雲霄飛車吧！
來啦來啦！
咦？
我也要？
哇啊啊啊
啊啊啊啊——

好好玩喔～♪
施加重力加速度的方式也很棒。
算起來是……
……好可怕。
噗通 噗通 噗通
我的心臟還噗通噗通跳不停。
遞過來
喝喝看！
是花草茶喔！
呼——っ
來！深呼吸～～吐氣～～
吸—
吐—
吸—
吐—っ
平復了嗎？
啊…是…
你會這樣是因為五感全部受到刺激。
五感？

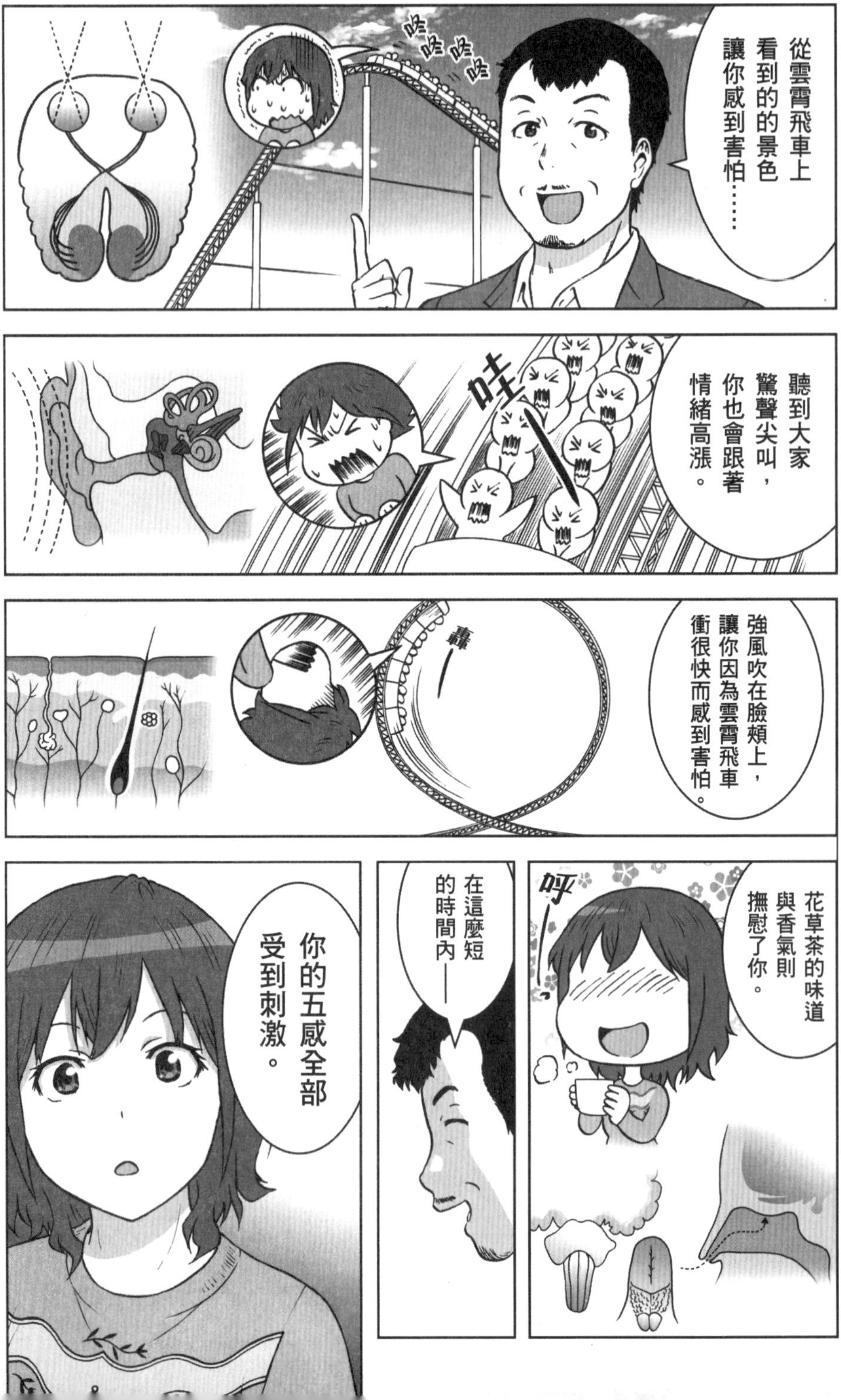
從雲霄飛車上看到的景色讓你感到害怕……
咚咚咚咚
聽到大家驚聲尖叫，你也會跟著情緒高漲。
哇
強風吹在臉頰上，讓你因為雲霄飛車衝很快而感到害怕。
轟—
花草茶的味道與香氣則撫慰了你。
呼—
在這麼短的時間內——
你的五感全部受到刺激。

視覺、聽覺、嗅覺、味覺、觸覺……
啊！真的耶！
所以我的腦全部啟動運轉……
您沒說的話，我還真沒發現這件事……
現在，你身上發生的許多現象，其實全都是——
「腦引起的現象」喲！
太有趣了！
嗯！
我要修這門課！
選修課……

我們爲什麼看得見

大腦視覺皮質處理視覺訊息

眼睛的構造跟相機類似

我們眼睛的構造就好比相機。眼球是個直徑約24mm的球體，外頭覆蓋一層硬膜。角膜位於眼球的入口，眼睛透過角膜與水晶體看見外界的事物。水晶體的功用類似相機的鏡頭，我們藉由改變水晶體的厚度來調整焦距：看近時水晶體會變厚，看遠時則會變薄。對焦功能發生問題時，便會造成近視或遠視。

光線穿過水晶體後，會抵達覆蓋在眼球內側的視網膜。視網膜的功能類似螢幕，它蘊含三種視覺細胞（※1），負責感應明暗、顏色與光線，眼球深處的視神經會將視網膜接收的訊息傳送至腦部。

整合起視覺訊息我們才「看得見」

以下是眼睛看到桌上放的「馬克杯」，到腦部認出是馬克杯的過程（參見第38頁的圖片）：

首先，「桌上有馬克杯」是來自光線的訊息，視網膜上的視覺細胞接受光線訊息，轉換爲電訊號。電訊號經過視神經，傳送至腦部的視丘和枕葉。位於枕葉的初級視覺皮質在接收到電訊號後，會將它們處理爲顏色、明暗、形狀（輪廓）與動作等視覺訊息。這些訊息最後在頭頂聯合區整合，我們這才了解自己「看到了什麼」。原本在視網膜上分解四散的訊息，到頭頂聯合區才終於彙整起來。

※1【視覺細胞】視網膜上的視覺細胞超過一億個，種類則有三種，分別是接收明暗訊息的視桿細胞、辨識顏色的視錐細胞，以及調整晝夜節律的第三種感光細胞。

眼睛的構造與功能

光線穿過角膜與水晶體，傳到視網膜，
經由視神經抵達大腦。

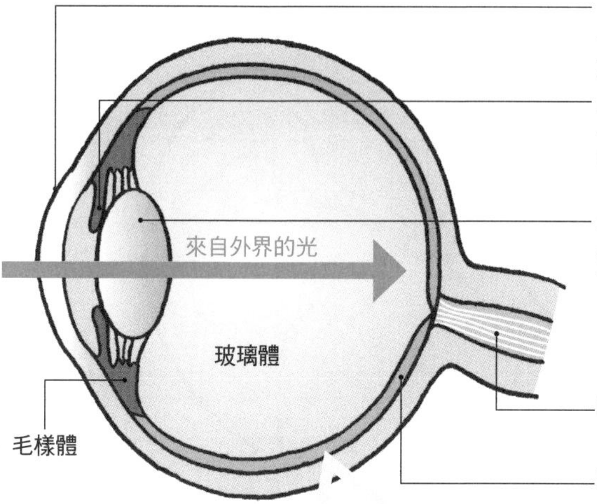

角膜
位於眼睛入口的透明薄膜，相當於黑眼珠。

虹膜
位於眼睛中央的瞳孔，藉由改變瞳孔的大小，來調節進入的光線多寡。

水晶體
折射穿過水晶體的光線，藉由上下方的毛樣體調整厚度來對焦。

視神經

視網膜
包覆眼珠內側的薄膜，具有許多識別光線與顏色的視細胞。

視網膜上的視細胞

在陰暗的地方，視桿細胞容易發揮作用，辨識色彩的視錐細胞就比較無用武之地了。所以妖怪才多半是黑白兩色吧～

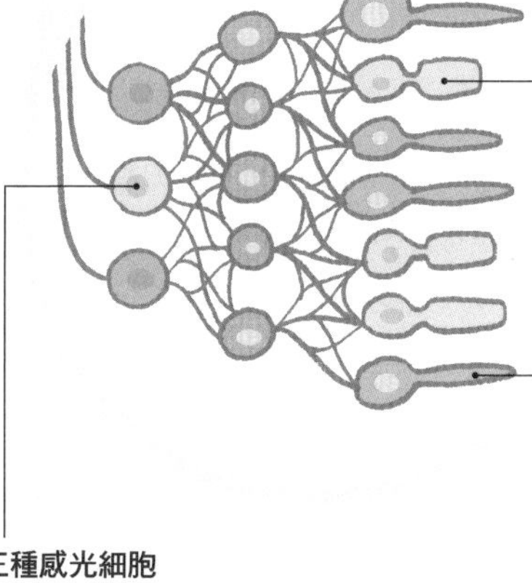

視桿細胞
在陰暗處發揮功能，負責識別明暗；是棒狀的細胞，位於整片視網膜上。

視錐細胞
在明亮處發揮作用，負責識別色彩與形狀；是圓錐形細胞，集中於視網膜中心名為「中央窩」的地方。

第三種感光細胞
正式名稱為「光敏視網膜神經節細胞」。這種細胞除了調整晝夜節律之外，在可視光線（人類肉眼可見的光線）中，主要對藍光反應。

看到的事物如何從眼球傳遞至大腦

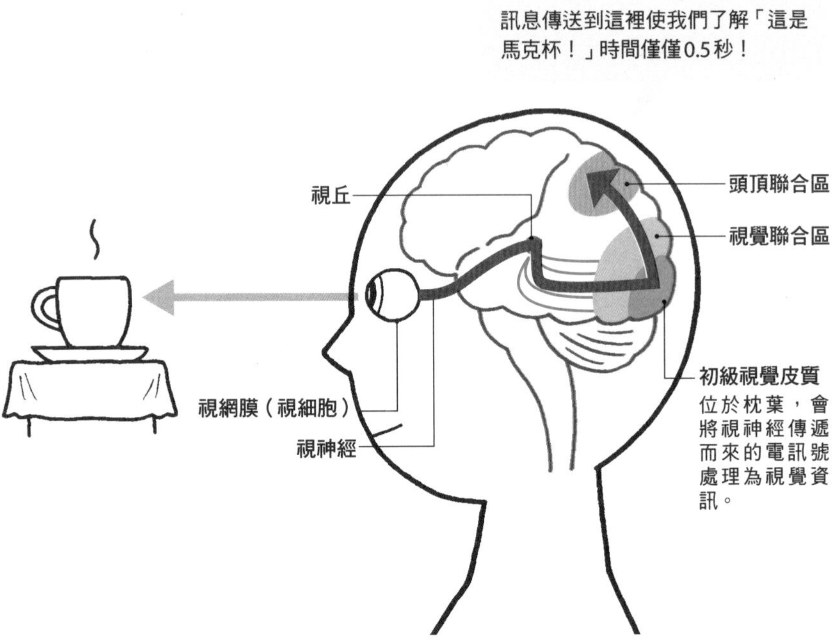
訊息傳送到這裡使我們了解「這是馬克杯！」時間僅僅0.5秒！
視丘
頭頂聯合區
視覺聯合區
初級視覺皮質
位於枕葉，會將視神經傳遞而來的電訊號處理為視覺資訊。
視網膜（視細胞）
視神經

明明看不見，卻知道眼前有東西

由眼睛獲得的視覺訊息無論本人有沒有意識到，都會傳遞至大腦。

比方說，初級視覺皮質因爲意外或疾病而受損的人儘管缺乏「視知覺」，行動時還是會下意識的避開眼前的物體。當事人雖然看不見，腦部還是處理了視覺訊息。這種情況稱爲「盲視」(blindsight)。學者認爲視覺訊息是透過上丘處理（請見左頁）。

此外，視覺聯合區中負責接受來自視細胞訊息的細胞不過二成，多數資源是用於處理來自高階腦的訊息。

視覺訊息的傳遞路徑

視覺訊息的傳遞路徑總共有兩條：一條是視網膜接收到的視覺訊息經由視丘，傳遞至位於枕葉的初級視覺皮質；另一條是經由上丘傳送至位於頂葉的頭頂聯合區，並未經過初級視覺皮質。

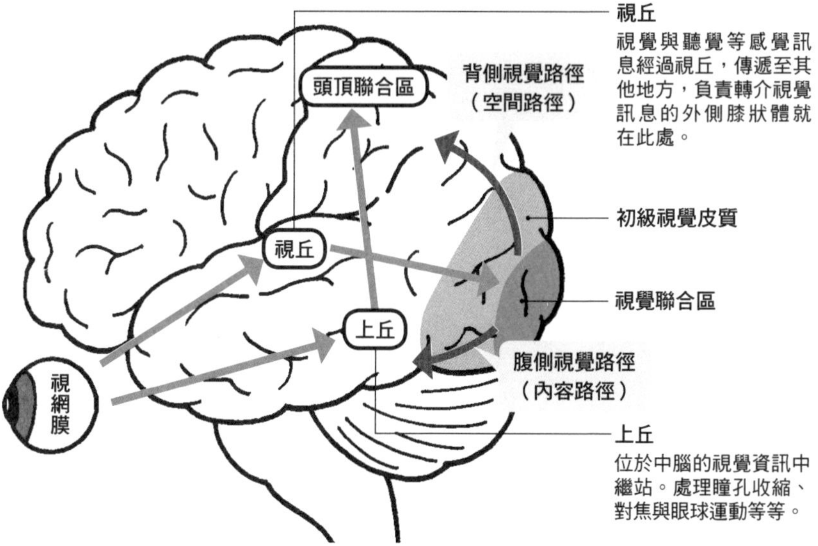
視丘
視覺與聽覺等感覺訊息經過視丘，傳遞至其他地方，負責轉介視覺訊息的外側膝狀體就在此處。
頭頂聯合區
背側視覺路徑
（空間路徑）
初級視覺皮質
視丘
視覺聯合區
上丘
腹側視覺路徑
（內容路徑）
視網膜
上丘
位於中腦的視覺資訊中繼站。處理瞳孔收縮、對焦與眼球運動等等。

路徑（淺色箭頭）：來自視網膜的訊息經由視丘外側的外側膝狀體，傳遞至初級視覺皮質；或是經由位於中腦的上丘，傳遞至頂葉的頭頂聯合區，跳過初級視覺皮質。

路徑（深色箭頭）：源自視覺聯合區的路徑又分為背側與腹側視覺路徑。

背側視覺路徑（空間路徑）：負責掌握位置與運動，主要處理空間的訊息。由視覺聯合區通往頂葉。

腹側視覺路徑（內容路徑）：負責掌握形狀以及有沒有物體，識別想像的影像。由視覺聯合區通往顳葉。

人類接收視覺訊息後，會透過「內容路徑」辨識形狀等資訊，並藉由「空間路徑」獲得地點等資訊，好進一步採取行動（比如抓握或觸摸等）。

視錯覺的原理

其實……眼見未必足以爲憑

視網膜有個區域是什麼都看不到的

在視網膜後方，有一處群聚了把視細胞接收的訊息傳送到腦部的神經纖維。那裡沒有視細胞，因此無法感應光線，處理光線訊息，成爲看不見東西的死角，稱作「盲點」(※1)。

「盲點」一詞令人聯想到視野遭到遮蔽，或是眼前出現黑洞，但其實它完全不影響視野。這是因爲左右兩眼的盲點區域不同，兩隻眼睛一起看時就可以互相彌補。然而奇妙的是，閉上左眼單以右眼看時，也不會發現盲點。

用單眼看東西時，腦子裡究竟發生了什麼事呢？其實大腦爲了圖方便，會不自覺的補充資訊處理，把盲點塡起來。

「想像力」會將看不見變成看得見

大腦通常會盡可能正確掌握周遭的訊息，並且正確理解它們。然而訊息模糊不清時，大腦就會藉由過往的經驗推測情況，擅自補充或修正。

大多數的時候，大腦所做的修正沒什麼問題，然而有時它會遭到修正的習慣所欺騙，「視錯覺」便是這樣產生的。視錯覺多半源自不知不覺發揮作用的腦部法則(※2)。

※1【盲點】視網膜當中視神經聚集之處，此部位無法感應光線，因此什麼也看不到。

※2【腦部法則】「小的東西在遠處，大的東西在近處」；「如果東西看起來上方明亮，下方陰暗，看的人會覺得東西往自己的方向凸出」等等，都是大腦根據經驗法則處理接收到的訊息來「看」的結果。

左右眼的盲點所在位置

視網膜上有個區域沒有視細胞，這區域稱為「盲點」，
不過盲點並不會影響視野。以下就介紹盲點的原理：

用兩隻眼看東西的狀態

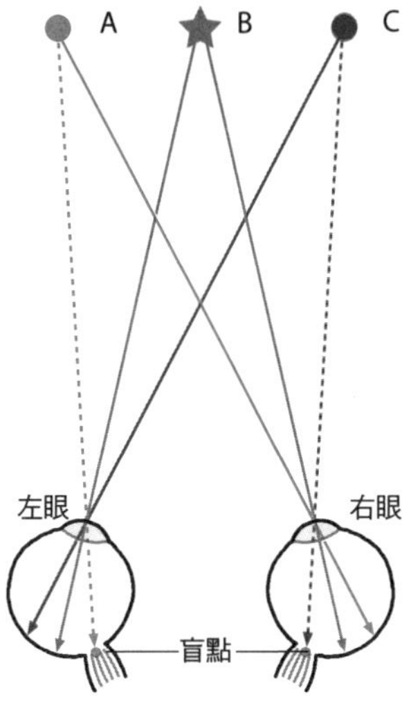

看中間的B時，C進入右眼的盲點，A進入左眼的盲點。雖然單隻眼睛有盲點，但兩隻眼睛同時看時會互相彌補，所以看東西沒有盲點。

用單眼看東西的狀態

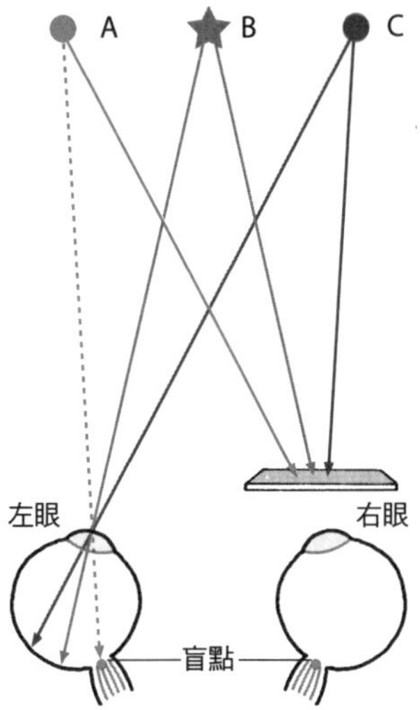

遮住右眼，僅以左眼看中間的B時，A進入左眼的盲點。由於遮住了右眼，無法以右眼的視野彌補，理論上左眼應該看不到A，不過實際上卻不會發生這種情況。

視網膜上盲點的位置

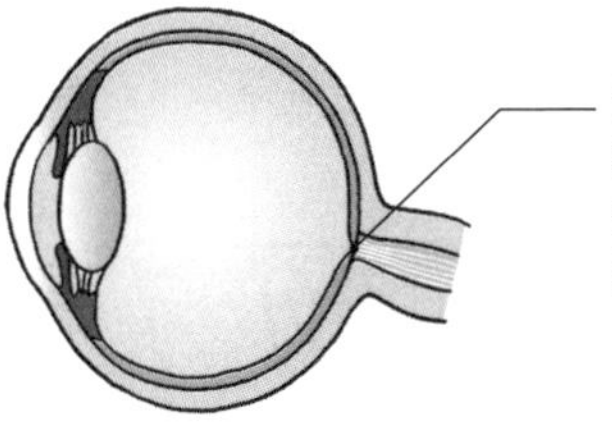

盲點
意指視覺訊息傳送至腦部的過程中，神經纖維聚集的地方（視神經盤）。由於盲點沒有視細胞，因此無法感應到光線。

發現盲點的測驗

❶ 在距離30公分的地方，遮住左眼，僅以右眼看左方的○。
❷ 一邊注視○，一邊靠近。貼近到某個距離時你就會發現右側的●也不見了！
▶那裡就是你的盲點

○　　　　　　　　　　　　　　　　　　　　　●

「視錯覺」經典範例：這是什麼形狀？

視錯覺有許多模式，例如「垂直線與水平線實際上等長，
但垂直線看起來卻比較長」（稱為菲克錯覺〔Fick illusion〕），
以及「明暗不同造成的視錯覺」等等。

謝巴德桌子（Shepard tables）

二個盒子（桌子）放在一起，
它們看起來是什麼形狀呢？

左邊的盒子是細長型，
右邊的盒子看起來好像
接近正方形？

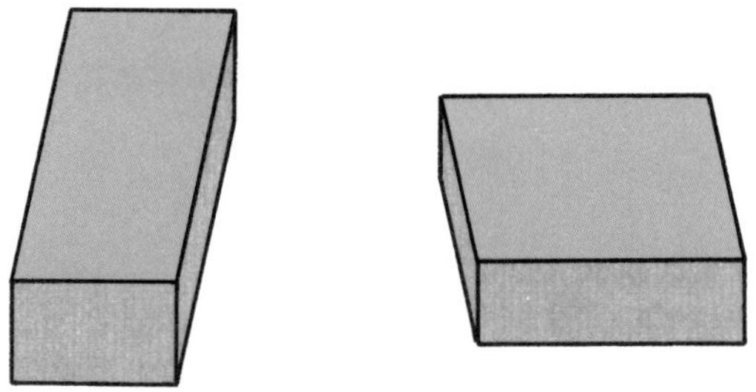

其實這兩個盒子一模一樣，只是擺放
的角度不同。腦部在處理立體的物品
時，會誤認垂直線比水平線長。這種
習慣在生活上很方便，但遇上這種情
況就會產生視錯覺了。

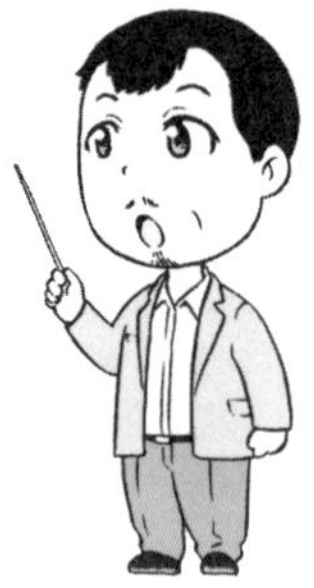

把右邊的盒子轉個方向，就會發現，垂直線跟水平線其實一樣長！

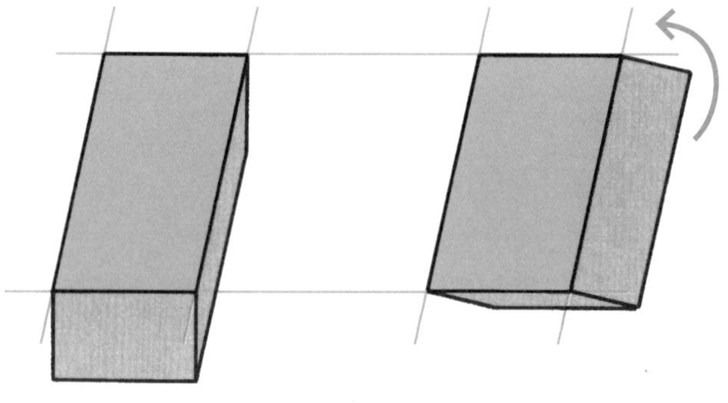

這就是「菲克
錯覺」喔！

＊Shepard, R.N. 1981

棋盤陰影錯覺（Checker shadow illusion）

棋盤上的Ａ格和Ｂ格比一比，看起來是什麼顏色呢？

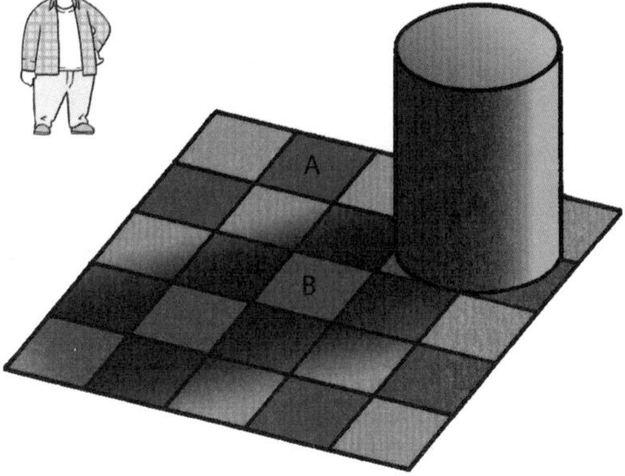

A是黑色，B是白色，對吧？

不對！其實A跟B的顏色一模一樣喔！用同樣顏色的長方形連結A和B……你看！

A和B顏色居然一樣耶！

看到格子圖案，大腦會自然認定是按照黑白順序排列。A的四周都是白色，所以大腦認定A是黑色；B的四周都是黑色，所以大腦認定B是白色。另外，由於圓柱體的陰影蓋住了B，因此大腦會認為B實際上的顏色更為明亮。藉由和周遭比較來辨識，以及認定陰影處是變暗，這些法則對於認識周遭環境是很有效的辦法，但遇上這種情況就會搞錯囉！

* Edward H. Adelson 1995

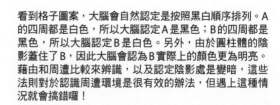

我們爲什麼聽得見

大腦聽覺區處理聽覺訊息

聲音透過振動空氣傳達

聲音透過振動空氣傳動，進入耳道後首先振動鼓膜（※1）。鼓膜後方是由三塊小骨（鐙骨、砧骨、錘骨）並排的聽小骨，聲音藉由振動聽小骨而擴大，傳送至位於內耳、充滿淋巴液的耳蝸，藉由振動淋巴液刺激聲音的受體「柯蒂氏器」(Organ of Corti)。柯蒂氏器會將聲音的訊息轉換爲電訊號，再透過聽神經（耳蝸神經）傳送至大腦。聽覺訊息轉換爲電訊號後，匯集在橋腦下方的耳蝸核（※2），經由視丘傳送至位於顳葉的初級聽覺皮質（※3，顳橫廻〔Heschl's gyrus〕），辨識爲有意義的聲音。

大腦只聽進需要的聲音

初級聽覺皮質會將聲音分爲頻率（音高）、聲壓（音量）與波形（音色）等要素處理。研究指出，職業音樂家的初級聽覺皮質特別發達。

其實人類不會將所有聲音盡收耳裡，而是視情況聽進特定聲音。比方說：在熱鬧的地方，我們只會聽進交談對象的聲音，自動排除其他聲響。另外就算我們聽不見交談中的部分聲音，依舊能了解交談的內容。人類之所以具備這些能力，是因爲腦部不僅是單純處理接收的訊息，還會利用大腦法則「適當的」加工處理。

※1【鼓膜】感應空氣振動的薄膜，厚度為0.1㎜。音波使鼓膜振動。

※2【耳蝸核】位於橋腦下方，介於橋腦與延腦之間。來自左右兩耳的聽覺訊息，由背側耳蝸核與腹側耳蝸核這兩個神經核接收。

※3【初級聽覺皮質】位於顳葉，處理由視丘的內側膝狀體傳來的聽覺訊息。

＊音樂訓練有助於改善聽覺皮質的功能：Schneider et al Nat Neurosci 2002

聽見聲音的原理

聲音經由耳道，振動鼓膜與聽小骨，抵達耳蝸。
耳蝸把聲音以訊號的形式，
透過聽神經傳送至位於顳葉的初級聽覺皮質。

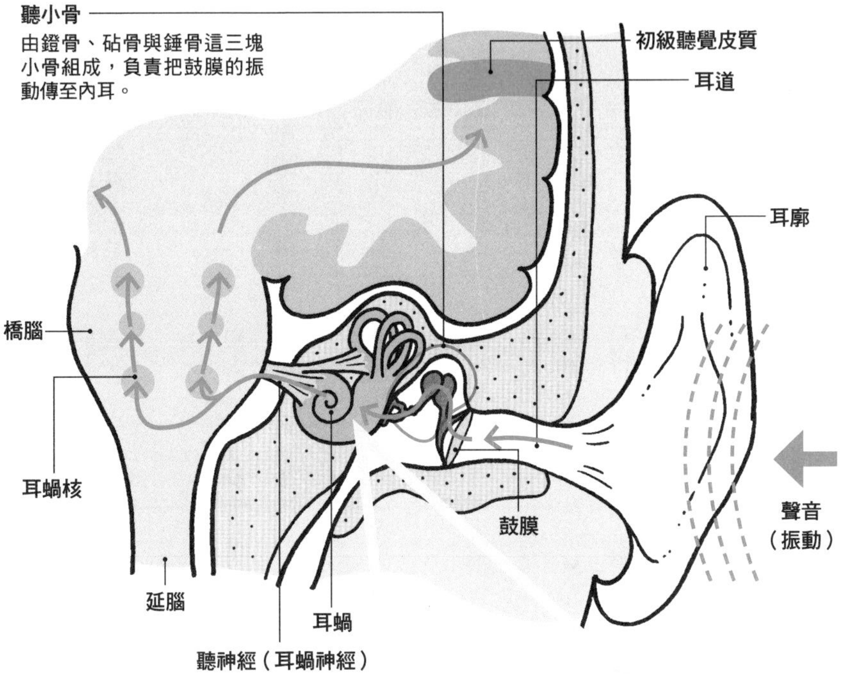
聽小骨
由鐙骨、砧骨與錘骨這三塊小骨組成，負責把鼓膜的振動傳至內耳。
初級聽覺皮質
耳道
耳廓
橋腦
耳蝸核
鼓膜
聲音（振動）
延腦
耳蝸
聽神經（耳蝸神經）

耳蝸的構造

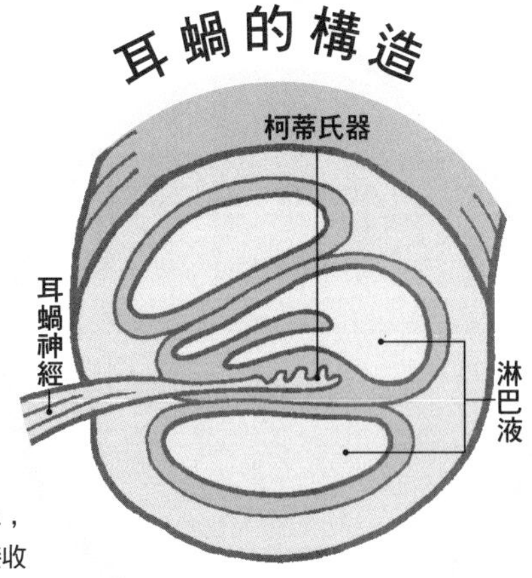
柯蒂氏器
耳蝸神經
淋巴液

耳蝸是形狀類似蝸牛的管子，
裡面充滿淋巴液。中間是接收
聲音的器官「柯蒂氏器」。

骨傳導的原理

利用骨骼振動來傳遞聲音

振動骨骼本身會傳遞聲音

聲音會透過振動空氣進而振動鼓膜，傳送至耳蝸。然而當我們摀住耳朵、無法振動鼓膜的狀態下，還是聽得見自己發出的聲音，這是因爲骨頭代替鼓膜振動傳聲。

這種藉由振動骨頭而非空氣，將振動傳送至耳蝸的聲音傳遞方式，就稱爲「骨傳導」。

相較於振動空氣來傳遞聲音（空氣傳導），骨傳導的聲音聽起來模糊而且小得多。然而骨傳導的優點是，它能在一片喧嘩聲中擷取需要的聲音，長時間聆聽也不會疲倦。

貝多芬與海豚都是以骨傳導辨音

知名音樂家貝多芬（※1）晚年罹患嚴重的聽覺障礙，近乎失聰。重聽之後，他改以口銜木棒彈琴，藉由牙齒與頭蓋骨來感受鋼琴振動，以分辨聲音。

生活在水中的海豚和鯨魚等生物，爲了避免受到水或水壓影響，耳朵位於身體內側，無法接收來自外界的聲音。然而牠們透過下顎附近的骨骼感應水波振動，將聲音傳送至體內的耳朵。這些海洋生物和貝多芬一樣，也是利用骨傳導辨音。

※1【貝多芬】路德維希・范・貝多芬（Ludwig van Beethoven，一七七〇～一八二七），德國作曲家，與海頓（Franz Joseph Haydn）、莫札特（Wolfgang Amadeus Mozart）並列維也納古典樂派的代表。代表作包括交響曲〈英雄〉、〈命運〉與第五號鋼琴協奏曲、第32號鋼琴奏鳴曲等等。

骨傳導傳聲的原理

骨傳導是藉由振動骨骼，把振動傳送至耳蝸。

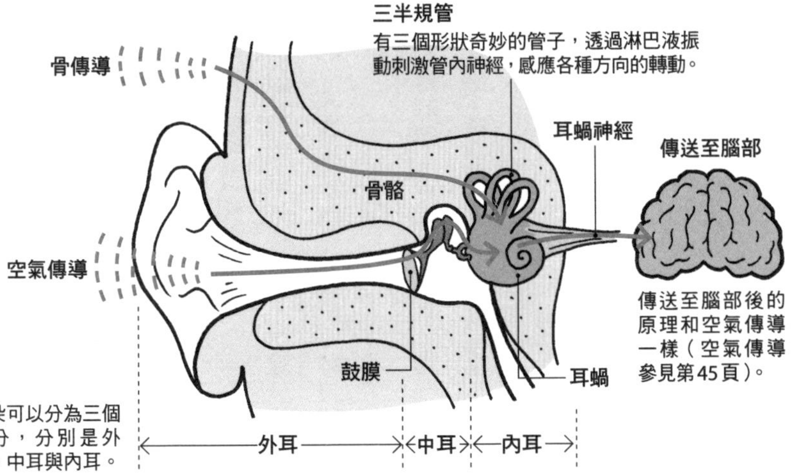
三半規管
有三個形狀奇妙的管子，透過淋巴液振動刺激管內神經，感應各種方向的轉動。
骨傳導
耳蝸神經
傳送至腦部
骨骼
空氣傳導
傳送至腦部後的原理和空氣傳導一樣（空氣傳導參見第45頁）。
鼓膜
耳蝸
耳朵可以分為三個部分，分別是外耳、中耳與內耳。
外耳
中耳
內耳

自己的聲音是如何傳導的？

自己的聲音

空氣傳導
＋骨傳導 ▶

我們是透過空氣傳導與骨傳導聽見自己的聲音的。其中骨傳導傳送到鼓膜的聲音，要比空氣傳導大得多喔！

僅僅空氣傳導 ▶

錄音

自己錄音的聲音

錄音的聲音只透過空氣傳導，所以我們才會覺得跟平常聽到的不一樣。

還有啊，骨傳導主要是傳送低音域至中音域的聲音。這個音域就算唱走音也不容易發現，所以摀住耳朵唱歌會覺得自己唱得格外的好。

我們爲什麼聞得到

藉由嗅球與大腦的嗅覺皮質感應氣味

氣味其實是分子！

氣味其實構成氣味的化學物質釋放形成的，這些化學物質稱作「氣味分子」。氣味分子多達數十萬種，五花八門。嗅覺是感應化學物質的感覺之一。

氣味是由我們鼻腔上方的嗅上皮（olfactory epithelium）感應。嗅上皮充滿了嗅覺細胞，嗅覺細胞中的嗅覺受體（※1）與氣味分子結合後，我們便感受到氣味，這些氣味進一步轉換爲電訊號，傳送到腦部進行辨識。

人類的嗅覺細胞約莫四千萬至五千萬個，一般認爲可以分辨數千種氣味。

氣味的訊息會傳送到杏仁核

氣味分子的訊息透過嗅覺細胞的神經纖維，傳送到大腦底部的嗅球處理。嗅球中的嗅神經球（※2）分別對應特定的嗅覺受體。

處理過的訊息經由嗅球，送往高階嗅覺中樞「初級嗅覺皮質（※3）」整理。這時，氣味訊息也會傳送到與好惡等情緒相關的杏仁核。

以魚類爲例，主要的訊息來源是水中的化學物質。氣味訊息事關生死，因此杏仁核一接收到氣味訊息，便會立刻判斷是否有危險，從而迅速因應。

※1【嗅覺受體】位於鼻子深處的嗅覺細胞中的受體，負責認識氣味分子與費洛蒙。據說人類的嗅覺受體約四百種，老鼠約一千三百種，斑馬魚約三百種。

※2【嗅神經球】嗅球中具備相同嗅覺受體的嗅覺細胞其軸突一開始聚集的地方。一個嗅神經球僅對應一種嗅覺受體。

※3【初級嗅覺皮質】接收嗅覺訊息，整理資訊的嗅覺中樞，位於大腦皮質。

氣味傳達至腦部的原理

進入鼻腔的氣味分子由嗅上皮中的嗅覺細胞捕獲，轉換為電訊號。氣味訊息經由處理訊息的嗅球，傳送至大腦的嗅覺皮質。

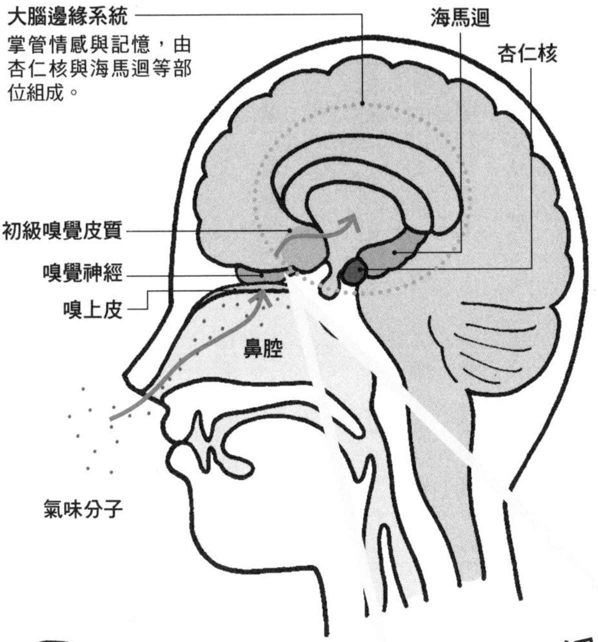
大腦邊緣系統
掌管情感與記憶，由杏仁核與海馬迴等部位組成。
海馬迴
杏仁核
初級嗅覺皮質
嗅覺神經
嗅上皮
鼻腔
氣味分子

嗅覺訊息直接傳送至大腦邊緣系統，因此它和記憶、情感的連結格外強烈。

突然一陣咖哩香氣撲鼻，令人懷念起來，這是因為過去的記憶和心情都連同氣味，一同烙印在腦海中了！

嗅覺細胞的構造

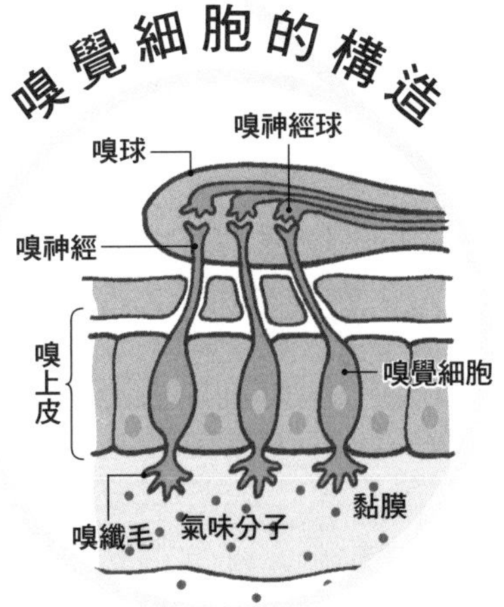
嗅神經球
嗅球
嗅神經
嗅上皮
嗅覺細胞
黏膜
嗅纖毛
氣味分子

❶嗅上皮的嗅覺細胞捕獲進入鼻腔的氣味分子。

▼

❷每個嗅覺細胞只有一種嗅覺受體，感應特定的氣味。

▼

❸具備相同嗅覺受體的嗅覺細胞接收訊息，經由嗅覺神經傳送至嗅球。

氣味透露的事情

嗅覺甚至能辨識癌症以及喜歡的異性

嗅覺也能感應費洛蒙

對於許多動物而言，嗅覺是非常重要的功能。腦部在辨識嗅球接收的訊息究竟是什麼的同時，也會喚起過往的情緒和記憶，判斷那是好、是壞，進而採取生存所需的行動或生理變化。聞到危險的味道便逃走，聞到費洛蒙（※1）便交配等許多生物共通的行爲，都是基於嗅覺而起。嗅上皮除了感受氣味分子，還能感受費洛蒙的分子。

但是人類雖然具備類似費洛蒙感應器的器官，卻不確定它們是否和動物一樣發揮作用。

用聞的就能發現癌症？

研究癌症的學者都知道，癌症患者會散發獨特的氣味。最近特別受到矚目的是使用線蟲（※2）的研究。線蟲身長約莫1mm，嗅覺受體是人類的3到4倍、狗的1.5倍，發現特定氣味時會靠近氣味源。這項實驗利用線蟲的特性，結果發現線蟲會靠近癌症患者的尿液，聞到健康者的尿液則會逃走（參見左頁）。

就連初期階段的癌症，線蟲也能辨識出百分之九十。由於相較於其他檢測，尿液檢查能減輕患者的身體負擔，因此研究人員期盼將來能將上述作法實際運用於醫療第一線。

※1【費洛蒙】動物體內製造的化學物質（生理活性物質）的總稱。費洛蒙釋放至體外會影響其他相同種類生物的行動或內分泌系統。費洛蒙種類繁多，知名的包括性費洛蒙、警告費洛蒙、集合費洛蒙，以及路標費洛蒙等等。

※2【線蟲】線蟲動物門的總稱。形狀細長，生存於土壤或水中，部分種類會寄生於人體。用於研究癌症的是「秀麗隱桿線蟲」。由於秀麗隱桿線蟲是第一種完成全基因組測序的多細胞真核生物，因此經常用於研究實驗。

線蟲怎樣找出誰罹患癌症

在培養皿左側滴一滴人的尿液，
中間放入五十到一百隻線蟲。結果線蟲會靠近癌症患者的尿液，
但遠離健康者的尿液。

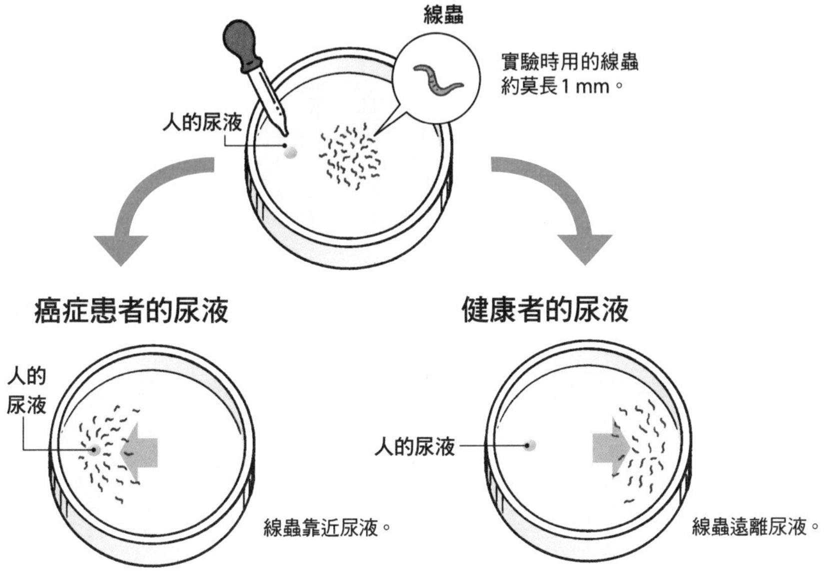
線蟲
實驗時用的線蟲
約莫長1 mm。
人的尿液
癌症患者的尿液
健康者的尿液
人的
尿液
人的尿液
線蟲靠近尿液。
線蟲遠離尿液。

＊Takaaki Hirotsu et al PLOS ONE 2015

鬍子老師小教室

基因早已注定我們會喜歡上哪種異性的氣味？

根據生物學定律，人類傾向喜歡基因與自己不同的人。這應該是因為不同的基因方能產生多樣化的後代，提高生存機率。
瑞士知名的動物學家克勞斯・魏德金（Claus Wedekind）在1995年進行的實驗證明了這點。他將沾染了男學生汗水的T恤給女學生聞，請女學生從中選出最喜歡的氣味。結果發現，女學生選的T恤主人和自己具備的人類白血球抗原（區分自身和異體物質的基因）差異最大。由此可知，女性能夠憑藉氣味，判斷和自己的人類白血球抗原差異最大的男性，並因此感覺對方「很有魅力」。

品嘗滋味的機制❶

味蕾與大腦的味覺皮質感受味道

人類具備感受五種味道的味覺細胞

味覺是感覺器官，演化目的是協助人類分辨吃到的究竟是能提供能量營養，還是含有毒性的食物。位於舌頭附近的唾腺（腮腺、舌下腺與頷下腺），會在我們吃進食物時分泌唾液（※1），接著舌頭會將唾液連同嚼碎的食物，一路送進咽喉與食道。

食物的味道是由舌頭表面的味蕾（※2）來感受。目前研究認爲，人類感受到的味道共有五種，分別是酸、甜、苦、鹹，以及胺基酸所形成的鮮味。味蕾中有許多味覺細胞（味覺受體），味覺細胞會將接收的訊息轉換爲電訊號，傳送至延腦的味覺核，再經由視丘傳送至大腦的初級味覺皮質。

食物光是含在嘴裡就有效？

部分味覺訊息會直接傳送至食物中樞的下視丘，以及掌管好惡的杏仁核，對行動帶來影響。例如只是把運動飲料含在嘴裡，便又有力氣踩腳踏車；用糖水漱口便能提升自制力，恢復冷靜（＊）。

由此可知，就算糖分並未成爲能量補給至腦部，舌頭上的味蕾感受到甜味時，還是能觸發腦部的某些部位，進而影響行動。

※1【唾液】唾腺所分泌的液體，一天分泌1到1.5公升。99％以上是水分，其他則是與抗菌、免疫、消化相關的各類酵素和電解質等等。

※2【味蕾】感受味覺的器官，位於舌頭上、上顎與喉嚨等處。

＊ Matthew A. Sanders et al Science 2012

舌頭感受到滋味的原理

人類是藉由舌頭上的味蕾接收味覺訊息。
味覺訊息藉由下方圖示的路徑傳送至初級味覺皮質。

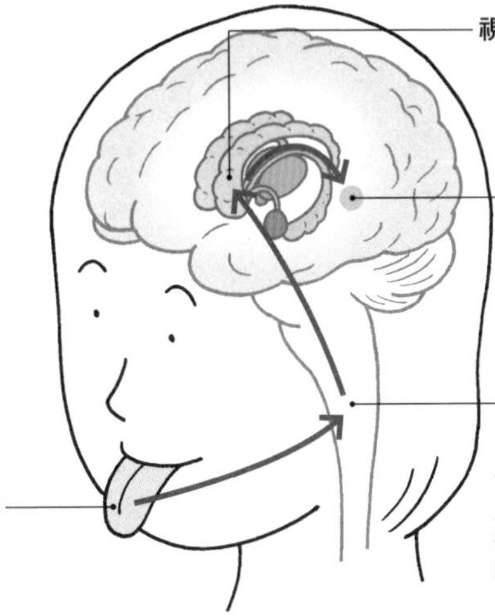
視丘
初級味覺皮質
延腦的味覺核
舌頭（味蕾）

舌頭上的味蕾接收的味覺訊息，會在這裡轉換為電訊號，經由延腦與視丘，傳送至初級味覺皮質。

味蕾是什麼？

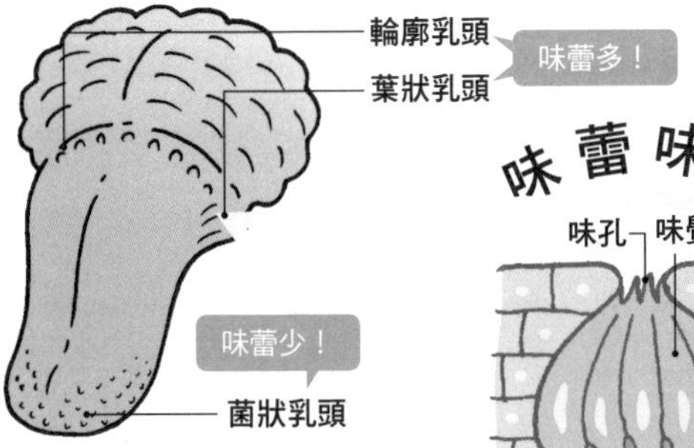
輪廓乳頭
葉狀乳頭
味蕾多！
味蕾少！
菌狀乳頭

乳頭
舌頭表面的小型突起結構，內有味蕾。乳頭中的味蕾數量根據乳頭種類而有所不同。

味蕾味孔
味孔
味覺細胞
味覺神經

味蕾上排列著許許多多味覺細胞，負責接收味覺訊息。味覺細胞會感應由味孔進來的味道成分，透過味覺神經傳送至腦部。

人類會透過苦味判斷有毒，或是藉由酸味判斷食物腐壞。由於吃進有毒或腐壞的食物可能送命，因此我們對於這些味道的感受特別強烈。順帶一提，辣味是痛覺，也就是說人類是用痛覺感受辣！

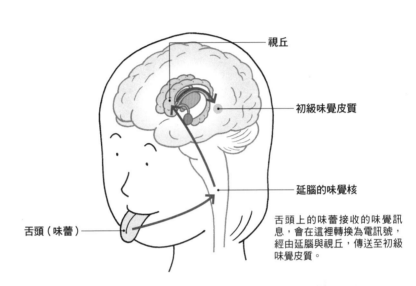

品嘗滋味的機制❷

辣味與甜味跟溫度有關

單一受體卻能感受到多種刺激

細胞和細胞當中的生物膜（胞器的膜）具備促離子性通道（※1），負責接收來自外界的刺激並將它們轉換爲訊息。這些受體藉由離子穿透在細胞之間或內外傳遞訊息，協助身體維持正常運作。其中又以名爲「TRP通道（※2）」的受體由於能接受多種刺激，因而爲人所知。

人類具備27種TRP通道，除了感受甜、苦、鮮味（胺基酸）等味道之外，還能感受溫度。

然而科學家至今還不了解爲什麼單一受體能夠感應多種刺激。

融化的冰淇淋比較甜？

例如辣椒素受體TRPV1不僅對辣椒的辣味成分「辣椒素」與四十二度以上的溫度有反應，同時也是痛覺的受體。辣味也是痛覺，這就是爲什麼我們吃完辣的東西後，會覺得嘴裡熱辣辣地刺痛；食物愈燙愈覺得辣，也是TRPV1的特性所致。

此外，味蕾細胞中的另一個受體TRPM5，則是除了對甜味有反應，在十五至三十度時也會活化。因此比起凍得硬邦邦的冰淇淋，開始融化的冰淇淋吃起來會更甜。

※1【促離子性受體】
一種成孔蛋白，附著於細胞或胞器的生物膜。鈣離子藉由受體開關傳遞訊息。

※2【TRP通道】
TRP是Transient receptor potential的縮寫，屬於成孔蛋白的通道型受體，與生物體內感應溫度、痛覺、味覺等各類感覺受體相關，屬於接收外界刺激的感應器。

TRP 既能感受溫度，也能感受疼痛

TRP 受體存在於我們身體各處，不只能夠感知溫度，
也會因為視覺、味覺與痛覺等外在多種刺激而活化，
甚至能夠感知內臟器官的活動。

TRP 受體感受的溫度與疼痛

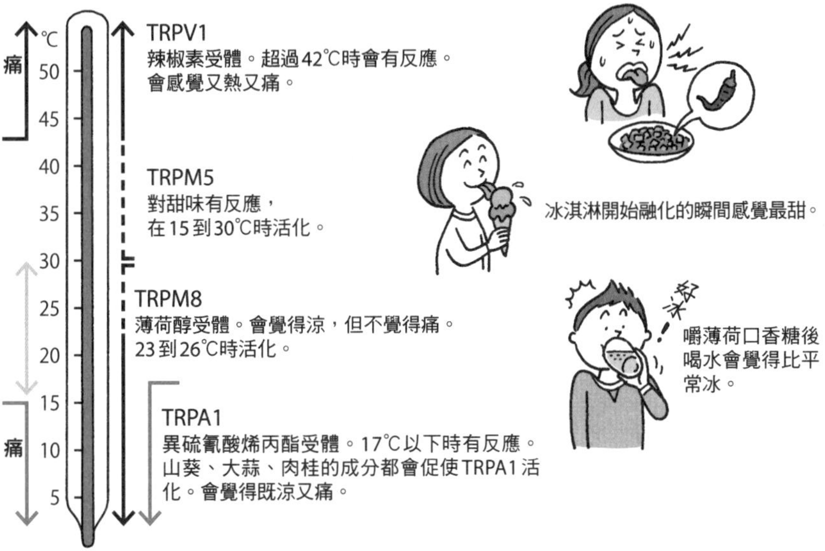

℃
痛
50
45
40
35
30
25
20
15
痛
10
5
TRPV1
辣椒素受體。超過42℃時會有反應。
會感覺又熱又痛。
TRPM5
對甜味有反應，
在15到30℃時活化。
TRPM8
薄荷醇受體。會覺得涼，但不覺得痛。
23到26℃時活化。
TRPA1
異硫氰酸烯丙酯受體。17℃以下時有反應。
山葵、大蒜、肉桂的成分都會促使TRPA1活化。會覺得既涼又痛。
冰淇淋開始融化的瞬間感覺最甜。
好冰
嚼薄荷口香糖後喝水會覺得比平常冰。

鬍子老師**小教室**

陰沉的曲調會讓巧克力變苦，開朗的曲調卻又變甜？

牛津大學的查爾斯．史賓斯（Charles Spence）等人發現，音樂類似特殊的辛香料。吃巧克力時聆聽陰沉的曲調覺得比平常苦，聽開朗的曲調則會覺得更甜，聽音調高的曲子吃起來更酸，聽充滿變化的音樂則能提升甜味。知名爵士女伶比莉．哈樂黛（Billie Holiday）的歌聲則會增添南瓜般的風味，邊吃邊聽會感覺很秋天。
這些現象顯示，腦部和認知功能並不是單獨活動，而是接收來自五感等全身各部位的資訊。過去就不時有學者主張，這類狀況的影響是很大的。

我們如何產生觸感

皮膚有五種感覺器官

皮膚具備感受溫度與壓力的感應器

皮膚經常暴露在外，它的作用是感受來自外界的刺激，保護身體。

皮膚的結構共有三層，分別是表皮（※1）、真皮（※2）和位於最下方的皮下組織。皮膚感受得到的感覺包括：感受觸感的「觸覺」、被壓時的「壓覺」、感受疼痛的「痛覺」、感受寒冷或冰冷的「冷覺」，以及感受炎熱或溫暖的「溫覺」。

這些感受刺激的觸覺受體（※3）大多位於真皮質。真皮較淺處有痛覺、溫覺和冷覺的受體和感受觸覺的器官，感受「壓覺」的器官則是在較深處。

雖然人體全身上下都有觸覺受體，分布密度卻不均，比方說舌尖與指尖較多，背部則較少。

來自皮膚的訊息幾乎都由脊髓處理

受體將接收的訊息轉換爲電訊號，經由脊髓與視丘傳送至大腦的初級感覺皮質，認知爲「痛」、「冷」或「熱」等感覺（參見第58頁圖）。

然而皮膚接收的這些訊息，大多數在傳往大腦之前就先傳送至脊髓分析，立刻向肌肉下達指令，採取防禦或退縮等行動。這種情況稱爲「脊椎反射」（參見第59頁圖）。一不小心碰到暖爐時馬上縮手，正是脊椎反射。

※1【表皮】皮膚表層僅有0.2mm的薄膜，作用在於保護身體不受異物入侵與避免水分蒸發等。表皮一共有四層，分別是角質層、顆粒層、棘層與基底層。保護身體不受紫外線傷害、合成黑色素的黑素細胞位於最底層的基底層。

※2【真皮】位於表皮內側，絕大部分由纖維狀的蛋白質「膠原蛋白」組成。除了給予肌膚彈性的玻尿酸、彈性蛋白之外，血管、淋巴管與汗腺等也都位於真皮。

※3【觸覺受體】神經纖維尖端具備受體的觸覺感應器。

皮膚的三層結構

皮膚共有三層，分別是表皮、真皮與皮下組織；
其中又以真皮聚集了下圖所示的觸覺感應器（觸覺受體）。

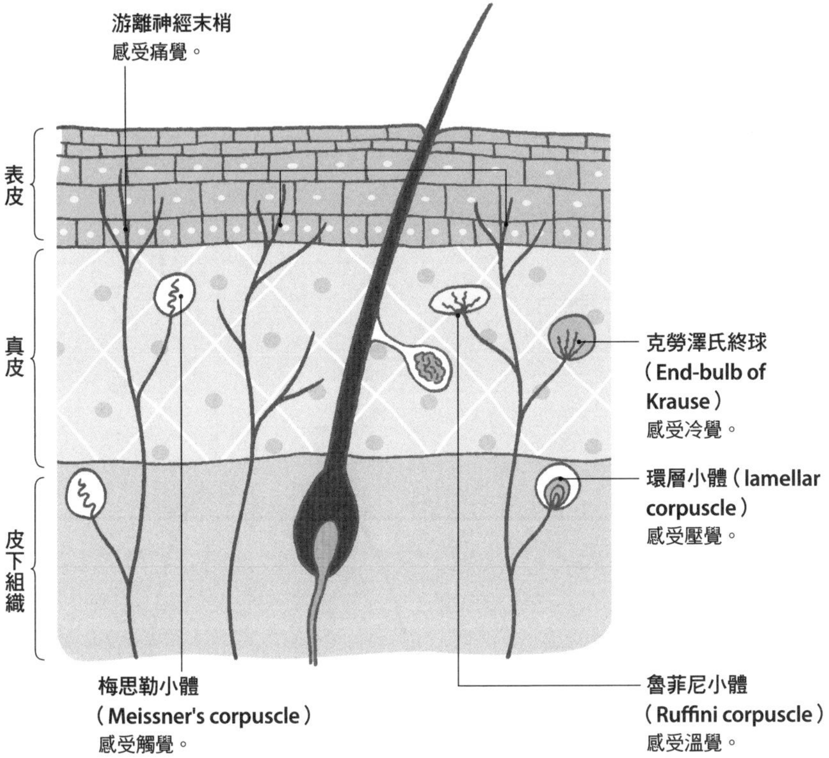
游離神經末梢
感受痛覺。
表皮
真皮
皮下組織
克勞澤氏終球
（End-bulb of Krause）
感受冷覺。
環層小體（lamellar corpuscle）
感受壓覺。
梅思勒小體
（Meissner's corpuscle）
感受觸覺。
魯菲尼小體
（Ruffini corpuscle）
感受溫覺。

皮膚的眾多感覺受體中，以痛覺受體最多，這代表痛覺對於人類多半是危險的刺激。

還有啊，冷覺受體的數量遠遠多於溫覺受體，這表示比起溫暖的刺激，冰冷的刺激對人而言要危險多了。

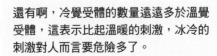

痛覺傳導的原理

觸覺受體把感受到的訊息轉換為電信號，
經由脊髓、視丘傳送至大腦的初級感覺皮質。

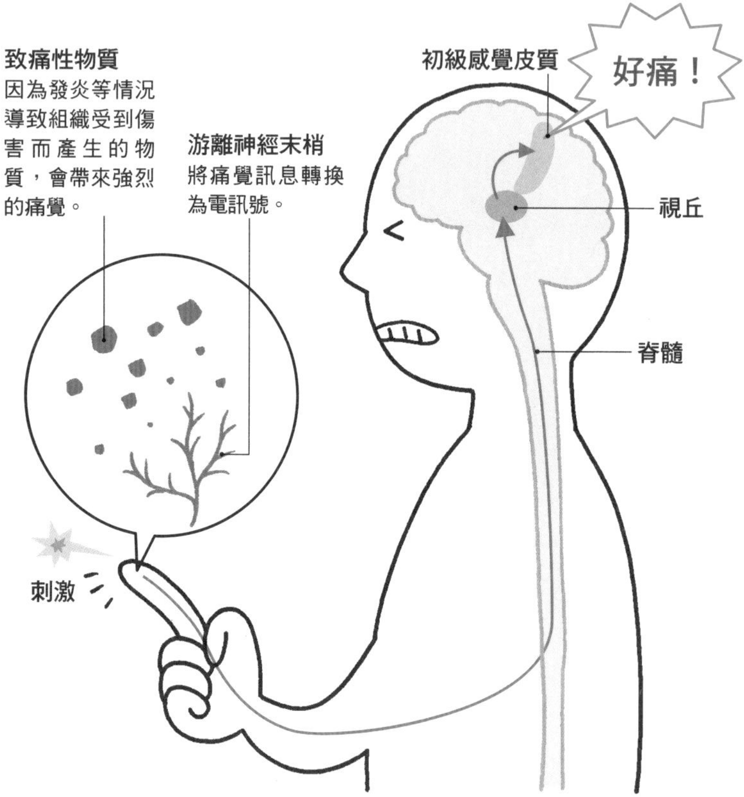
致痛性物質
因為發炎等情況導致組織受到傷害而產生的物質，會帶來強烈的痛覺。
游離神經末梢
將痛覺訊息轉換為電訊號。
初級感覺皮質
好痛！
視丘
脊髓
刺激

1
針刺到指尖，指尖肌膚的「游離神經末梢」感受到痛覺。

2
痛覺轉換為電訊號，經由脊髓、視丘傳送至初級感覺皮質。

3
初級感覺皮質接收電訊號後，腦部終於感覺到：「好痛！」

脊椎反射的原理

脊椎反射是在瞬間保護身體免受傷害的機制，
訊息傳達跳過腦部完成，在生死關頭能比平常更快採取行動。

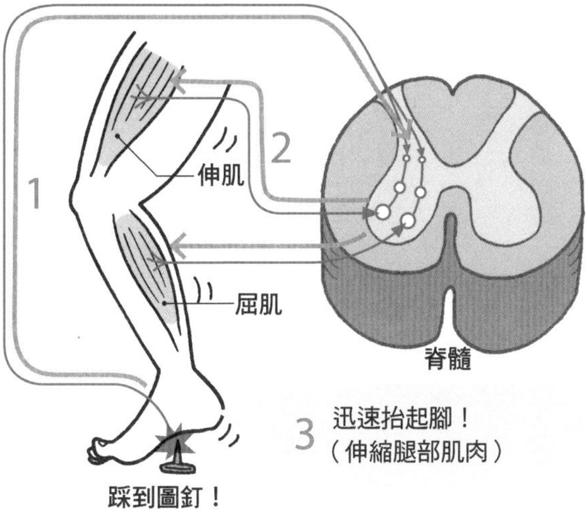

1
外界刺激轉換為電訊號，經由神經傳送至脊髓。

2
脊髓下達的指令直接傳送到肌肉，不經過腦部。

3
身體逕自動作，做出反應！

鬍子老師小教室

撫摸腹部就能舒緩腹痛，這是為什麼呢？

內臟跟皮膚感受的訊息，是透過相同的神經傳送至大腦，因此腦部無法區別是內臟還是皮膚感到疼痛。有時明明是內臟疼痛，卻表現為皮膚疼痛，這情況叫做「轉移痛」(referred pain)。
例如狹心症患者會感覺左邊腋下疼痛，肺部或肝臟疼痛會反映在肩膀一帶。這些因為腦部誤會而引發的轉移痛，在臨床上是醫生診斷的重要依據。
腹痛時摸摸腹部之所以會覺得舒服一點，除了這麼做會減輕皮膚疼痛引發的腦部錯覺之外，舒適的感覺還能帶來凌駕疼痛的效果。

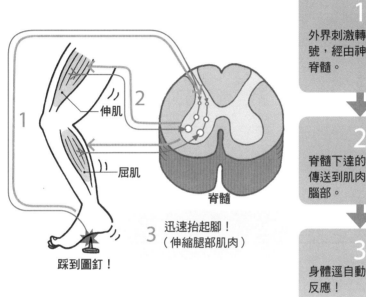

撫摸與感受

舒適的觸感能撫慰心靈

肢體接觸能促進荷爾蒙分泌

任誰都會因爲肢體接觸，而感到與對方更爲親密，或是感到心靈平靜、受到鼓勵。由於人類出生時尚未成熟，因此具備藉由肢體接觸促進關係的機制。

肢體接觸能促使幸福荷爾蒙「血清素」(※1)與愛情荷爾蒙「催產素」(※2)分泌。愈是經常接觸，兩者分泌愈多，因此能縮短與他人的距離，預防伴侶外遇。

不僅受到別人撫摸時會分泌這兩種荷爾蒙，自己撫摸時也會，因此撫摸自己或許可以獲得相同的效果。

柔軟的物品能夠使人放鬆

「C觸覺纖維」這種游離神經末梢接觸到柔軟物品時，會將舒適的訊息傳送至腦部，促使腦部分泌催產素。

游離神經末梢不僅對柔軟的物體有反應，對與人類體溫差不多的溫暖物體也有，因此我們接觸毛髮柔軟的貓狗、毛毯或軟澎澎的物體時，也會分泌催產素。此外有其他研究顯示，游離神經末梢僅在以秒速三到十公分的速度撫摸時，會有反應，興奮起來。

游離神經末梢興奮時，視丘會活化副交感神經，從而達到放鬆的效果。

※1【血清素】腦中的神經傳導物質之一，具備維護心靈平衡與安定精神的作用，又名「幸福荷爾蒙」。

※2【催產素】腦中的神經傳導物質之一，涉及與他人建立信賴關係和舒緩壓力，又名「信賴荷爾蒙」。

催產素的效果

溫柔地撫摸或是被撫摸時，腦部會合成與分泌催產素。
催產素具有紓解壓力、穩定心靈的作用。

分泌催產素
分泌催產素
對身體的效果
維持血壓穩定
維持心臟功能安定
強化免疫系統
降低壓力荷爾蒙
提升肌肉再生能力與傷口癒合的能力
對心靈的效果
心平氣和
減輕不安
感覺信賴、幸福
提高社會性
提升好奇心
肢體接觸

實驗

美國威斯康辛大學麥迪遜分校的蕾絲莉．塞爾策博士（Leslie Seltzer）以7到12歲的61名少女為研究對象，調查母親所帶來的安撫效果。

實驗人員將少女分為以下三組，觀察她們承受壓力後所做的事，對她們的心靈有什麼影響：

1 獲得母親擁抱

2 接到母親打來的電話，但無法見到母親

3 觀賞毫無關係的電影，沒有跟母親見面

結果 1和2的壓力荷爾蒙「皮質醇」數值恢復正常，催產素也增加。3就連一小時之後，皮質醇的數值還是比正常情況多三成。

就算沒有見到母親，光聽到母親的聲音也能促進催產素分泌，減少皮質醇！但是像電子郵件這類沒有跟母親接觸的溝通方式，應該就沒什麼用了。

＊Leslie Seltzer et al University of Wisconsin-Madison NEWS 2010

專欄
2

任誰都能發射「龜派氣功」嗎？

VR（虛擬實境）是利用腦部特性的技術。對於看不見或不明白的事物，人類大腦習慣利用想像去彌補，VR便是利用大腦的這種習性來刺激五感，造成大腦誤以為實際並未發生的事情「正在發生」。

這種現象稱為「跨感覺整合知覺」（Cross-modal perception），這種狀況是在無意識的情況下發生的，會影響人的決策。跨感覺整合知覺在虛擬體驗之外的情況下也會產生。然而利用VR刺激視覺和嗅覺，甚至可以創造出味覺。

比方說，一邊展示巧克力餅乾的影像（刺激視覺），散發巧克力的香氣（刺激嗅覺），同時給觀眾沒有任何調味的餅乾吃，這時觀眾卻會覺得自己在品嘗巧克力風味的餅乾。這就是利用VR改變味覺的實例。

最近融合現實空間與虛擬物體的MR（Mixed Reality，混合實境）受到矚目。目前技術進步到能透過結合視覺與觸覺刺激，使觀眾誤以為在現實生活中實際觸碰到影像所呈現的物體。

活用這項技術，觀眾便能親自體驗卡通中的情節，例如VR體驗設施提供玩家體驗人氣卡通《七龍珠》中的絕招「龜派氣功」的遊樂設施，結果大受歡迎。光是想到可以用自己的手發射龜派氣功，感受發射的振動，就讓人興奮不已了。

（＊）刺激娛樂設施「VR ZONE」（https://vrzone-pic.com）

第2章

腦與心靈

我們通常將在日常生活中感到幸福、壓力、
沉迷或陷入戀情等，視為「心的感受」。
其實大腦在其中扮演相當吃重的角色，
這一章就來看看腦與心彼此的關係吧。

感情究竟源自何處？

叮咚
你在做什麼？
走出便利商店回家。
我要巧克力（笑）
我買到新商品了！
你在做什麼？
對了，
你選了什麼類型的講座？
這個嘛！
我決定了！
懇請老師跟學長多多指教！
腦與心喔——
叮咚
咦？
這跟教師資格有關係嗎？

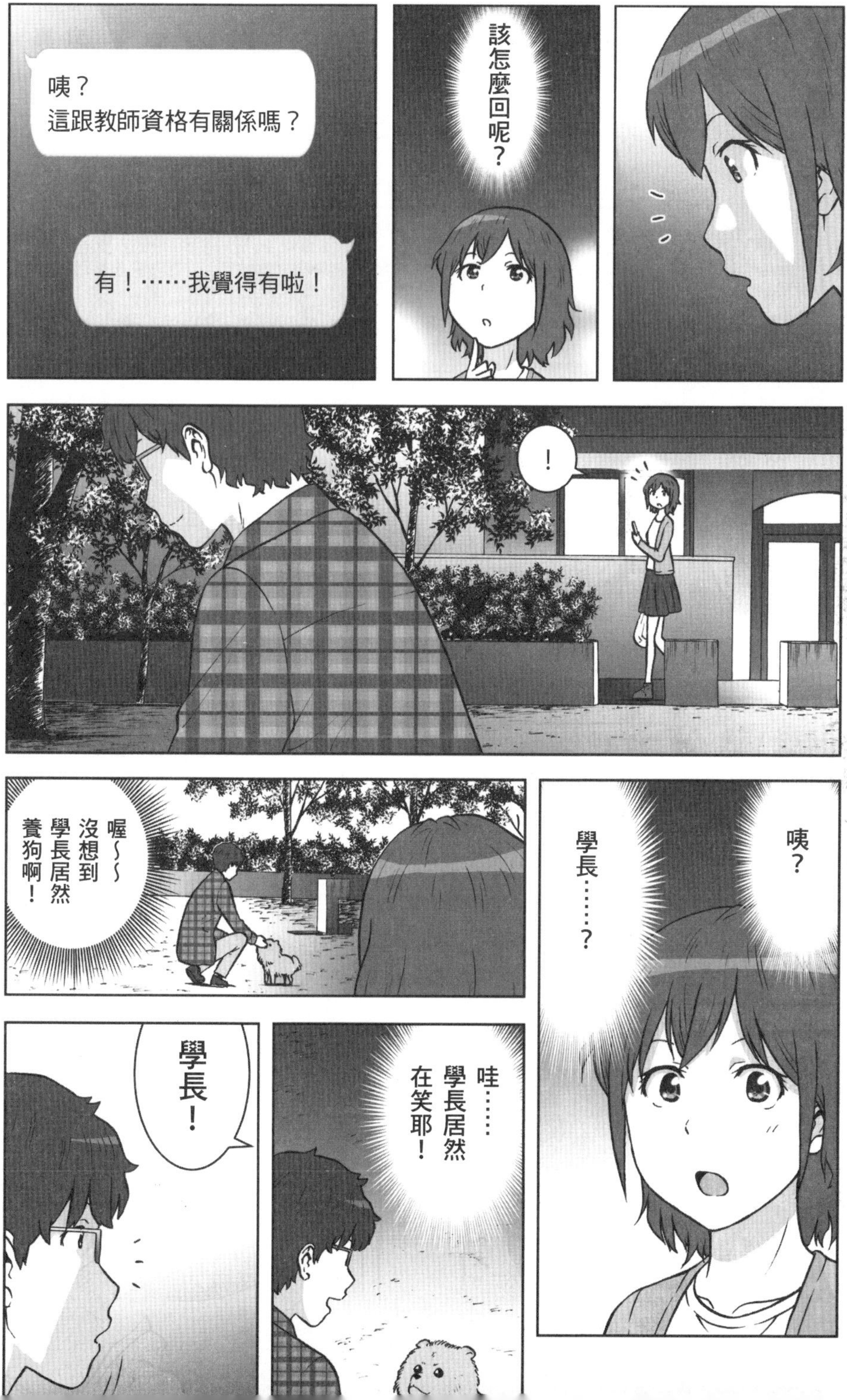
咦？
這跟教師資格有關係嗎？
有！……我覺得有啦！
該怎麼回呢？
！
喔～～沒想到學長居然養狗啊！
咦？
學長……？
哇……學長居然在笑耶！
學長！

起身
咦？
轉身
嗟嗟 嗟嗟
怎麼了嗎？
BOOK
狗類 Life
鬍子老師教你
跟狗狗更要好 第二回
〈凝視便能加深彼此的關係〉
催產素又名「信賴荷爾蒙」、「
愛情荷爾蒙」，聽到信賴的
人呼喚或是肢體接觸、
相互凝視，都會促進
分泌……但是感情太
好認爲彼此是伴侶
〈凝視便能加深彼此的關係〉
催產素又名「信賴荷爾蒙」、「愛情荷爾蒙」，聽到信賴的人呼喚或是肢體接觸、
相互凝視，都會促進分泌……
狗類 Life

「但是感情太好的話，會造成彼此認定對方是伴侶……」
「那個人可能不會再對人類抱持任何興趣……說好聽是情誼，其實也是非常排他的行為。」
狗類Life
咦？啊？
我之前在公園看到了喔！
學長你有養狗，對吧？
我其實也是狗派
……
狗狗叫什麼名字呢？
……RD
RD嗎？名字好帥氣喔！牠是公狗嗎？
牠是什麼品種啊？

……沒養。
？
沒養。
牠是機器狗，我親手製作的機器狗。
機……機器狗？
他的專長是「機器人學」喔！
教授！
他嘗試在機器人身上安裝類似人心的構造。
……所以必須了解腦與心的研究，因此才來修課。
不准站著看！要看就要買！
……我買。
哇……這是科幻世界的產物嗎？
是現實。
聽起來好像作夢喔！
我說的是已經存在的事實。

學長真的做得到嗎？
我要做！
好啦好啦！兩位冷靜。
看這邊。
拉——開
勾——勾..
！
人類會喜歡上他們經常凝視的對象，這在心理學上稱為「單純曝光效應」（mere exposure effect）。這或許也是利用腦與心的戀愛技巧吧？

男女有別❶

原因在於神經連結的強度

男人喜歡系統化，女人偏愛求共鳴？

西蒙．拜倫—科恩（※1）是自閉症領域知名學者，他在著作中提到男性凡事習慣系統化，女性則追求共鳴同理。例如子女在學校發生問題，太太在找先生商量，先生卻不願意認眞聆聽，還不了解細節就提出了「解決方案」——這是因爲男性傾向系統化解決問題。然而比起解決方案，太太更希望先生有所共鳴，「先了解我白天時爲了孩子的事情多辛苦」。男孩子習慣擺出模型，比較誰的比較厲害；女孩子經常說出「我們襪子的顏色一樣呢」等尋找共通點的話，也是基於相同的道理。

大腦中神經連結的強弱，決定了男女有別？

關於男女有別，部分研究指出，男女連結左右腦的胼胝體粗細不同，亦有部分研究顯示腦的相同部位厚度有異。然而之後的實驗並未證實這些差異的確造成男女大不同。

另一方面，研究腦部連結的研究發現，男性左右半球內部各自緊密連結，女性卻是左右半球之間的連結緊密；至於小腦則情況相反，各部位的連結強度也是隨性別而有所不同（參見左頁）。然而前文所說的男女差異，儘管一般認爲原因出在腦部的差異，但是否眞爲連結強度不同還有待商榷。

※1【西蒙．拜倫—科恩（Simon Baron-Cohen）】一九五八年生。英國發展心理學家，劍橋大學發展精神病理學科教授，研究專長為自閉症譜系障礙，著作包括《女人愛共鳴，男人愛系統化》等等。

男女神經連結的差異

研究人員調查949名（男性428人，
女性521人）8到22歲的男女的腦部活動，
發現男女的神經連結方式有異。

男性 **女性**

大腦俯視圖

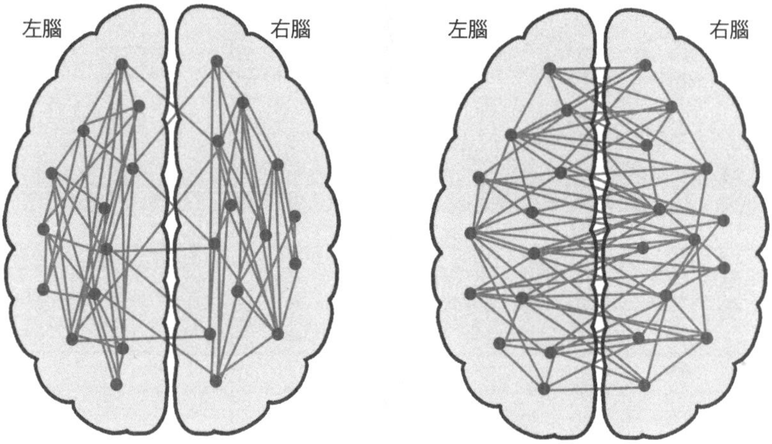

左右腦各自的神經連結緊密
說話時主要使用左腦，口氣多半平淡，傾向分析。

左右腦彼此的神經連結緊密
同時使用左右腦，看一眼也能注意到細節。

美國賓夕法尼亞大學的研究團隊使用特殊技術「擴散張量造影」（diffusion tensor imaging，DTI），好讓人清楚看見腦部的神經纖維是怎麼運作的。

男女的腦在十三歲以下幾乎沒有差別，但是十四到十七歲組和十七歲以上的組別就能發現明顯差異。由此可以知道，男女有別是從青春期開始的。

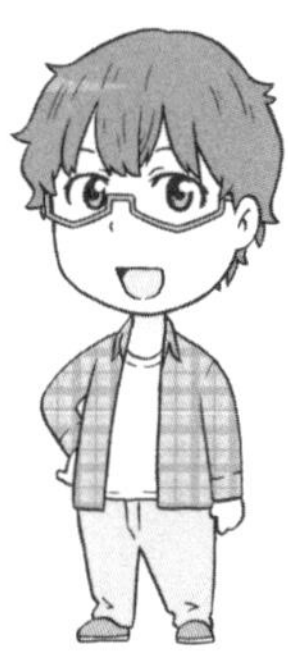

＊Ragini Vermaet al, University of Pennsylvania, PNAS 2013

男女有別❷

男女的專長不同

男性擅長認識空間，女性擅長語文

在認知能力測驗中，男女差異最明顯的有兩個項目。

一是「心像旋轉（※1）」（mental rotation task）：受試者觀看選項，在內心轉動圖形，以判斷哪一個和範例一樣（請見左頁）。這個項目調查的是想像形狀與操作相關的空間認知能力，男性的成績普遍較為優異。另外「舉出開頭為『一』的成語」這類測試語言流暢程度的項目，則普遍是女性成績較為優異。

然而這些都是群組比較的差異，並非個人比較的結果。

女性比男性優秀？

以五十歲以上的男女為對象進行調查（＊）發現，男女的能力差距和年齡、出身、成人之前與中年時的生活與教育環境有所關聯。

然而改善生活環境，給予相同的受教環境的話，女性的記憶力不僅高過男性，一般認為是男性強項的數學能力也會逐漸發展，與男性之間的差異會縮小。五十歲以上的男女之間，也能看到女性占上風的現象，因此現在應該立刻推動增加女性工作機會、提拔女性擔任高階主管與增加女性醫師人數等政策。「男女平等政策」保障的，說不定其實是男性呢。

※1【心像旋轉】在腦中轉動二次元或三次元的物體，這與空間認知能力有關。

＊丹尼爾・韋伯（Daniel Weber）等人的研究調查。"Survey of Health, Ageing, and Retirement in Europe"（歐洲健康、老化與退休調查）針對十三個國家共三萬一千名五十歲的男女，舉辦關於記憶力、數學能力與語言流暢度的測驗。測驗結果由丹尼爾・韋伯等人分析。：Weber D et al PNAS 2004

心像旋轉

這是一項認知能力測驗，
要求受試者選出哪個是範本轉動後的圖形。
在腦中想像圖形旋轉後的模樣，需要空間認知能力。

從下列選項中，挑選出哪一個與範本相同。

呃⋯⋯從這個方向旋轉⋯⋯咦？

正確答案是3。這個項目的確普遍是男性成績比較優秀，但是男女差距並不懸殊。雖然整體是男性分數較高，但成績優良的女性還是占了一定的人數。

＊ Shepartd & Metzler, Science 1971

思考心像旋轉的題目時，主要是涉及空間認知的兩側頂葉、以及和心理練習相關的運動皮質在活動。

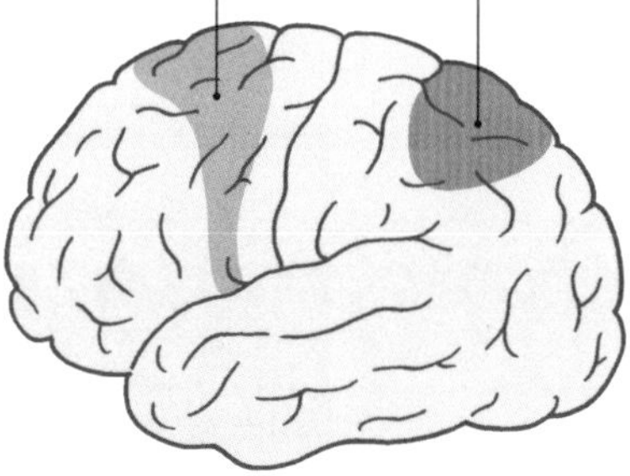

男女有別❸

第二性徵是受到性荷爾蒙影響

造成男女有別的性荷爾蒙

性別是由性染色體（※1）和性荷爾蒙決定。性染色體爲XY型是男性，XX型是女性。換句話說，Y染色體是決定性別的特殊基因，也就是性別決定因子。胚胎（※2）從出現Y染色體後開始分泌男性荷爾蒙，發育爲男性。

另一方面，性荷爾蒙分爲男性荷爾蒙（睪固酮等）和女性荷爾蒙（雌激素等）。男女主要是在青春期時開始出現第二性徵，精子與卵子也逐漸成熟。換句話說，男女身體的差異是受到性荷爾蒙影響。

男性喜歡誇耀社會地位

男性變聲與長出體毛深受睪固酮影響。雄性動物在繁殖期時，睪固酮濃度會上升，表現出求偶等誇耀社會地位的行爲。人類也是一樣。男性在服用睪固酮之後，面對相同的商品時，傾向挑選能彰顯社會地位的名牌（＊）。越是所謂充滿男子氣概的男性，或許越講究社會地位。另外，一般人往往以爲男性只會分泌男性荷爾蒙，女性只會分泌女性荷爾蒙。其實這兩種荷爾蒙在男女體內都有，只不過男性體內的女性荷爾蒙是女性的一半，而女性體內的男性荷爾蒙僅是男性的十分之一。

※1【性染色體】性決定因子，包括決定生物性別基因的染色體，分為X染色體與Y染色體。

※2【胚胎】受精到懷孕第八週稱為胚胎，第八週之後稱為胎兒。

＊關於男性荷爾蒙與社會地位

賓夕法尼亞大學的基甸．內弗（Gideon Nave）等人針對二四三名18歲到55歲的男性進行實驗。一半的研究對象服用果凍狀的睪固酮，另一半的研究對象服用安慰劑。服用完畢後倆倆一組，展示品質相同但代表不同社會地位的商品給他們看，觀察他們喜歡哪一個。

：G. Nave et al Nature Communications volume 9 2018

女性荷爾蒙與男性荷爾蒙

人類的「原廠設定」是女性，
出現Y染色體後才開始分泌男性荷爾蒙，逐漸男性化。

從胚胎到成人的成長過程（以男性為例）

第四~六週

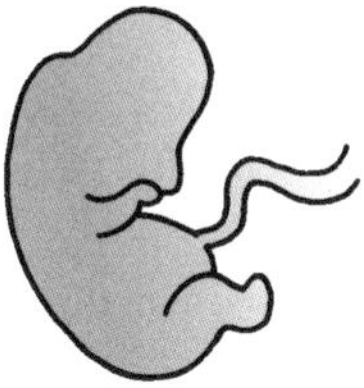

胚胎

受精後的數個星期，出現兩個乳腺，連結腋下到大腿的細胞層增厚，最後縮小成為兩個乳頭。

▼

第十二~二十週

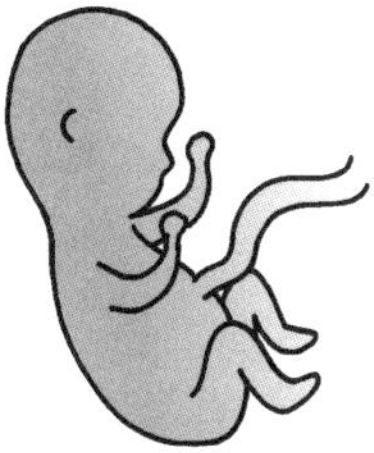

女性
染色體
X/X

X/Y
男性
染色體

胎兒

開始出現決定性別的基因Y染色體。當染色體宣布是男性後，就開始分泌大量男性荷爾蒙，發育成男性的身體。

人類的細胞總共有46條染色體，其中22對是常染色體，剩下的一對是性染色體，由X染色體與Y染色體構成。

性染色體來自父母雙方。如果是XX就發育為女生，如果是XY就發育為男生。

▼

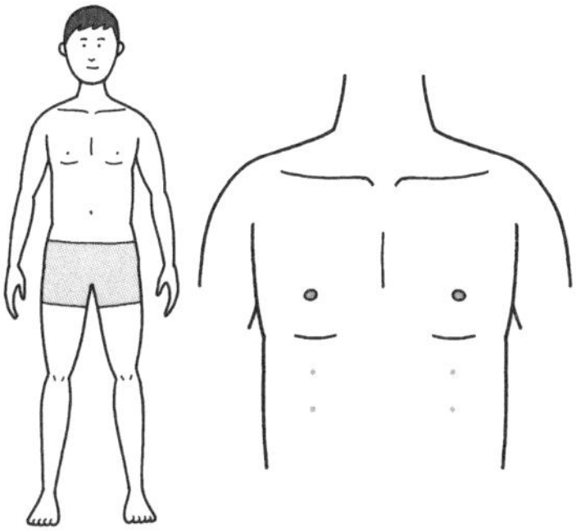

發育為成年男性！

男性的兩個乳頭與大腿之間有些直排的斑點，這些是並未發育的乳頭，也是當年原廠設定為女性的證據。

老鼠跟人類一樣是哺乳類動物，不過雄性老鼠就沒有乳頭的痕跡喔！很有趣吧！

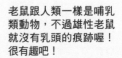

戀愛的感覺源自腦部❶

凝視彼此能加深情誼

光是四目相對，就能促進催產素分泌！

催產素又名「信賴荷爾蒙」、「愛情荷爾蒙」，聽到信賴的人的聲音、肢體接觸或是相互凝視等，都能促進催產素分泌。

這種原理在寵物狗和飼主之間也會出現。研究指出，飼主和自己養的狗相互凝視一會兒，雙方體內的催產素都會增加（參見左頁）。不僅如此，嗅聞催產素的寵物狗會凝視飼主更久，而養的狗若是凝視飼主，飼主也會分泌更多催產素。

催產素似乎能加強彼此的情感連結。不過，會凝視飼主更久的只有母狗。

催產素能夠預防外遇？

使用催產素噴鼻劑的人，會變得更容易相信他人，也較容易了解他人的心情。此外，嗅聞催產素之後還會遠離其他異性。所以可以說，催產素噴鼻劑（※1）具有預防外遇（＊）的效果。

以寵物狗和飼主爲例，兩者四目相對會分泌催產素，這可能意味著他們把彼此視爲伴侶。換句話說，這種特性或許會使得母狗遠離公狗，使飼主遠離自己的（人類）伴侶。習慣凝視寵物以撫慰心靈的人，對此可要多加注意。

※1【噴鼻劑】日本濱松醫科大學精神醫學講座山本英典教授等人的共同研究團隊，是世界上首次證明自閉症譜系障礙患者使用噴鼻劑的效果與安全性。

＊關於催產素作用的實驗
擁有女性伴侶的男性使用催產素的噴鼻劑後，對於充滿魅力的陌生女子會更加保持距離。然而在沒有伴侶的男性身上，卻不會出現這種現象。
：The Journal of Neuroscience 2012

相互凝視如何加深彼此的情感

人與狗接觸和相互凝視也能促進催產素分泌，
增進雙方感情。

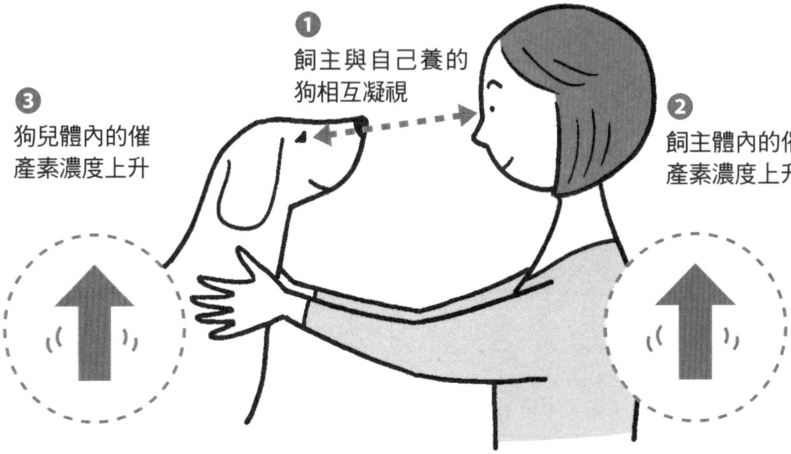
❶
飼主與自己養的
狗相互凝視
❸
狗兒體內的催
產素濃度上升
❷
飼主體內的催
產素濃度上升

*Miho Nagasawa et al Science 2015

鬍子老師小教室

催產素能有效改善自閉症譜系障礙患者的溝通問題？

自閉症譜系障礙患者除了與他人往來時，不擅長藉由對方的表情和聲音判斷他們的心情，往往還出現興趣與關心的對象十分侷限，經常重複相同動作等特性。這是發展障礙的典型症狀之一，至今仍未發展出特別有效的治療方式。

研究發現，對健康者的鼻腔噴灑催產素，能促使他更加信賴他人，彼此熱心相助，還更容易由他人的表情判斷情緒。由此推論，催產素噴鼻劑或許能有效改善自閉症的症狀，目前研究人員仍持續驗證這是否可行。

戀愛的感覺源自腦部❷

一見鍾情始於直覺

戀愛時心跳不已和多巴胺有關

過去的實驗結果已經證明，看到喜歡的人時，腦部的腹側被蓋區（與多巴胺息息相關的獎勵迴路起點）受到刺激活化，懷疑對方的杏仁核與右顳頂交界區的活動則會低下。

日本的理化學研究所的研究團隊則更進一步，研究看到熱戀中對象的照片，多巴胺分泌活化的部分會出現哪些變化（＊1）。他們發現，看到戀人的照片時，獎勵迴路投射的內側眶額皮質（Medial Orbitalfrontal Cortex）和內側前額葉皮質，會分泌較多的多巴胺。心頭小鹿愈是亂撞，分泌得愈多。

感性與理性能同時發揮作用

另外則有研究調查，看到聯誼所遇對象的照片時，腦部會如何活動。結果發現，前額葉皮質的腹內側（※1）涉及預測與決定追求還是拒絕對方（＊2）。進一步分析前額葉皮質的腹內側發現，部分扣帶皮質與內側前額葉皮質活動特別劇烈。扣帶皮質與判斷身體美醜相關，內側前額葉皮質則與對方的個性等個人的喜好相關。

由此可知，稍微瞟一眼的瞬間，我們便同時做出心理與外觀的判斷，預測是否會與對方發生戀愛。

＊1理化學研究所的研究團隊所進行的實驗

針對十名平均年齡27歲的熱戀中男女，以正子斷層掃描調查看到戀人與異性友人的照片時，多巴胺分泌有什麼差異。

：Takahashi Ket et al Frontiers in Human Neuroscience. 1015

※1【前額葉皮質的腹內側】

前額葉的腹側到內側的部分，與統整資訊、調節動作有關；包含內側眶額皮質與內側前額葉皮質。

＊2庫伯等人使用功能性磁振造影做的實驗

：Cooper JC et al Neurosci. 2012

「喜歡」會活化大腦的獎勵迴路

看到喜歡的人就像獲得稱讚，
以腹側被蓋區為起點的獎勵迴路會活化，
釋放神經傳導物質多巴胺。

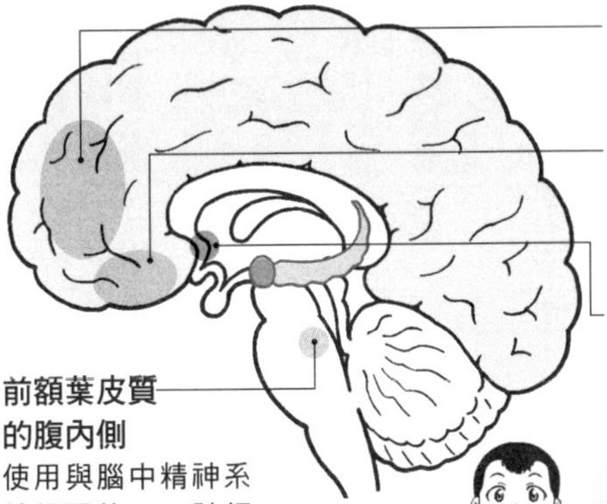

內側前額葉皮質
位於額葉最前方的前額葉皮質中，在眼睛上方。

內側眶額皮質
位於額葉中，在眼睛內側。獲得讚美心花怒放時，這部位會活化。

伏隔核
抑制A10神經，抑制過度釋放的多巴胺。

前額葉皮質的腹內側
使用與腦中精神系統相關的A10神經釋放多巴胺，引發愉悅或興奮。

談戀愛時心跳不已的感覺，在雙方交往幾年後會消失。不過呢，給七十多歲的老夫妻看對方的照片時，十組中還是有一組人的獎勵迴路會活化。
不管年紀多大，看到伴侶還是有心動的感覺，這種人生實在太棒了♪

「喜歡」是可以刻意營造的

實驗證明，直接刺激猴子與愉悅相關的腹側被蓋區，
可以操作「喜歡」的感覺。

實驗 向猴子出示兩張圖片，看看牠偏好哪一張。
※根據動物視線停留的時間來判斷牠們的喜好，停留的時間長表示喜歡。

❶ 掌握喜好
這隻猴子喜歡雞的圖片，而不是狗的圖片。

❷操作「喜歡」的感覺
每次出示狗的圖片時餵猴子糖水，刺激牠的腹側被蓋區（VTA，多巴胺的起點）。

結果 原本猴子不喜歡狗的圖片，這下也變得喜歡了！

＊John T. Arsenault et al Curr Biol. 2014

戀愛的感覺源自腦部③

因爲視線離不開而喜歡上對方

常常看就喜歡上了

遇到喜歡的人便忍不住盯著對方一直看或是瞳孔（※1）放大。「喜歡所以盯著看」這行爲可以說非常簡單明瞭。

相反的，就算原本不是那麼喜歡，看的時間長了，也會在不知不覺中對對方產生好感。

這是心理學的「單純曝光效果」（※2）。例如經常上電視的藝人往往在好感度調查中名列前茅，或是反感度排行榜排行居前的藝人，往往也在好感度排行榜的前幾名，都基於相同的道理。「喜歡而看」與「看了喜歡」，究竟有什麼樣的關係呢？

轉頭看對方會產生好感

向實驗對象出示二張照片，出示的時間一長一短，再請實驗對象從中挑選喜歡的照片。實驗結果說明了前面提到的現象（參見左頁）。

受試者喜歡的照片，是出示時間較長的那張。實驗的關鍵在於左右交替出示照片。

這是因爲人類習慣對自己無意識的行動賦予意義，這個習性在實驗時發揮了作用，使受試者認定「面對A時，我看的時間較長，一定是因爲我喜歡A」。抱持好意凝視對方，也能夠促使對方喜歡上自己。

※1【瞳孔】位於眼球有顏色的部分（虹膜）正中央的圓形小洞，一般稱為「黑眼球」。虹膜伸縮決定瞳孔的大小，調節進入視網膜的光線多寡。虹膜在明亮的地方會縮小，在陰暗的地方會放大。

※2【單純曝光效果】這法則指出，我們對於熟悉的事物容易抱持好感。

「看了所以喜歡」的原理

以下介紹下條信輔教授關於「人類究竟是因為喜歡而看，還是因為看了而喜歡」的實驗。

實驗1

①準備二張實驗對象喜歡程度相同的異性大頭照，同時出示於螢幕的左右兩端。

②請實驗對象挑選喜歡的異性照片。

結果 **做決定的大約一秒前，如果受試者視線開始朝其中一方集中，他就會選擇那一張照片。**

視線集中的現象只會出現在挑選「喜歡」的照片時。

如果問受試者「討厭哪一張照片」，他們的視線不會集中在那張照片上喔。

實驗2

①準備二張實驗對象喜歡程度相同的異性大頭照，左右交替出示照片，出示的時間一張是0.3秒，另一張是0.9秒。

②請受試者挑選喜歡的異性照片。

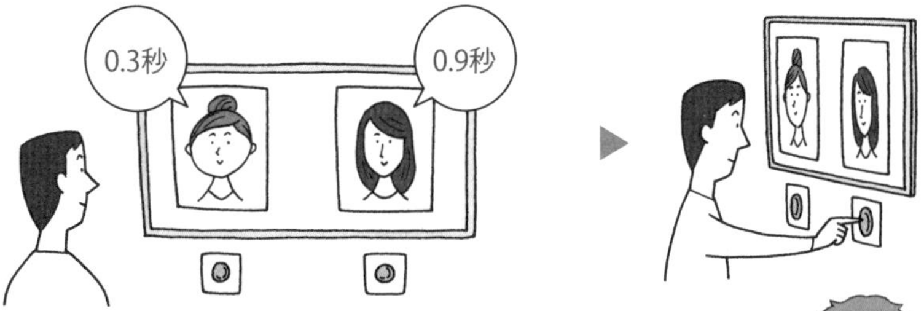

結果 **受試者對顯示時間較長的女性比較有好感！**

由此可知，看的時間愈長，好感度也逐漸提升。

為了看某個人，我們會轉動脖子或眼珠，因此當我們出現這些動作，大腦會解釋說這是因為我們喜歡對方。

＊Shimojo S.et al Nature Neuroscience 2003

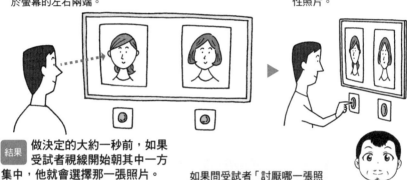

戀愛的感覺源自腦部❹

對方看的是你的右臉

我們習慣用視線左半邊判斷對方的表情

人類視野的右半邊由左邊的視覺皮質掌管，視野的左半邊則由右邊的視覺皮質掌管。影像處理是由右側的頂葉負責，因此我們看他人的臉時，習慣以視野左半邊（對方的右半臉）判斷表情，無視另一邊，所以當左半邊看起來是笑臉，就會認定對方是笑臉。

仔細觀察達文西的名畫〈蒙娜麗莎的微笑（※2）〉，便會發現視線左半邊的臉部沒有表情，只有右邊嘴角微微上揚，貌似在微笑。蒙娜麗莎的微笑之所以看來既神祕又充滿魅力，或許就是出自這種似笑非笑的奇妙平衡。

對著鏡子化妝時，要多注意右側

重視視野的左半邊、忽略右半邊的習性，稱爲「僞忽視」（※2 - Pseudoneglect）。這種情況在日常生活四處可見，無論是魚攤上的魚、圖鑑還是端上桌的烤魚，都是頭往左，尾巴朝右。人類在不知不覺中過著習慣重視左邊的生活。

由此可知，照鏡子時必須特別留意。當我們看著鏡子整理髮型或化妝，習慣注意鏡子裡的左臉，格外著重左邊的外觀。然而實際上他人看的是視野左半邊，也就是我們的「右臉」。當心別把注意力全放在左半邊啊。

※1【蒙娜麗莎的微笑】文藝復興時期的義大利巨匠達文西（Leonardo da Vinci，一四五二～一五一九）的油彩作品。這幅女性上半身的肖像畫，據說是全世界最知名的藝術作品。蒙娜是音譯，意譯是女性之意；麗莎是伊麗莎白（Elisabetta）的暱稱。

※2【僞忽視】注意力主要放在視野左側，習慣無視右側的習性。

人類看的是臉的哪一側？

當一張一半是「笑臉」、一半是「苦瓜臉」
的圖片映入眼簾時，
人類是看左半邊還是右半邊，來分辨心情或情感的呢？

看起來在笑

看起來很苦惱

研究發現，人類看到兩張組合方式相反的畫時，會把左邊的圖看成「笑臉」，把右邊的看成「苦瓜臉」，這代表人類觀察別人時，會用面對自己時左側那邊的臉來辨識表情！

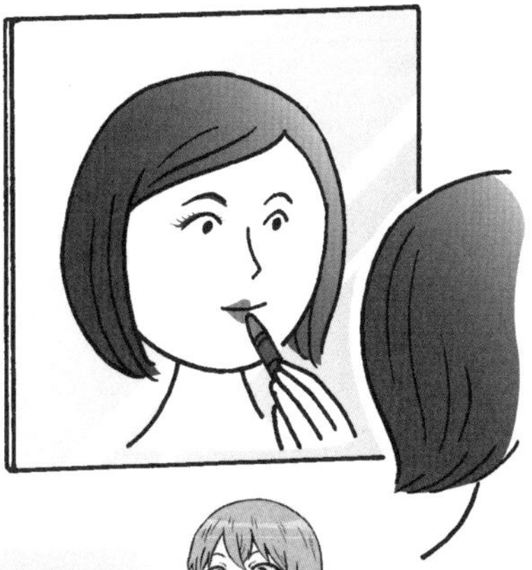

這也就是說，照鏡子時我們注意的是「自己的左臉」，別人看的卻是右臉。所以你自己很在意的左臉，其實別人可能沒怎麼注意。

既然這樣，趕時間的時候是不是主要化「自己的右半臉」就好了呢？

「舒服」這種感覺是源自哪裡呢？

腦與心
研究室
喀啦啦
今天我們要去校外教學！
要去哪裡校外教學呢？
跟我走就對了！
中午就開始喝酒聚餐嗎？
我們到了。

KTV……
KTV
學長，你怎麼了？還好嗎？
……
來吧！大家盡情的唱！
耶！要點什麼歌呢？

學長，你都不點歌來唱嗎？
這也是課程的一部分喔！
……如果一定要……我唱……
當然要唱！所有體驗都是課程！
唉唉唉唉唉

啊！輪到學長唱囉！
咦？
兒、兒歌嗎？
抓住
按下去
停止
…這…這未免…太……
對…對不起。
你沒說錯。

今天就靠這堂課來克服不敢開口唱歌吧！
我做不到……
學長！我們倆一起唱吧！
我會……扯後腿……
你想太多了啦！我們要唱什麼好呢？
我們來唱卡通歌看看！
我也會唱卡通歌喔！
這是學長喜歡的卡通。
!?
手機桌布啊！
啊…
啦～
學長！你喜歡的歌果然就唱得好多了。
唱得比兒歌好聽喔！
啦
呼
呼
咦？

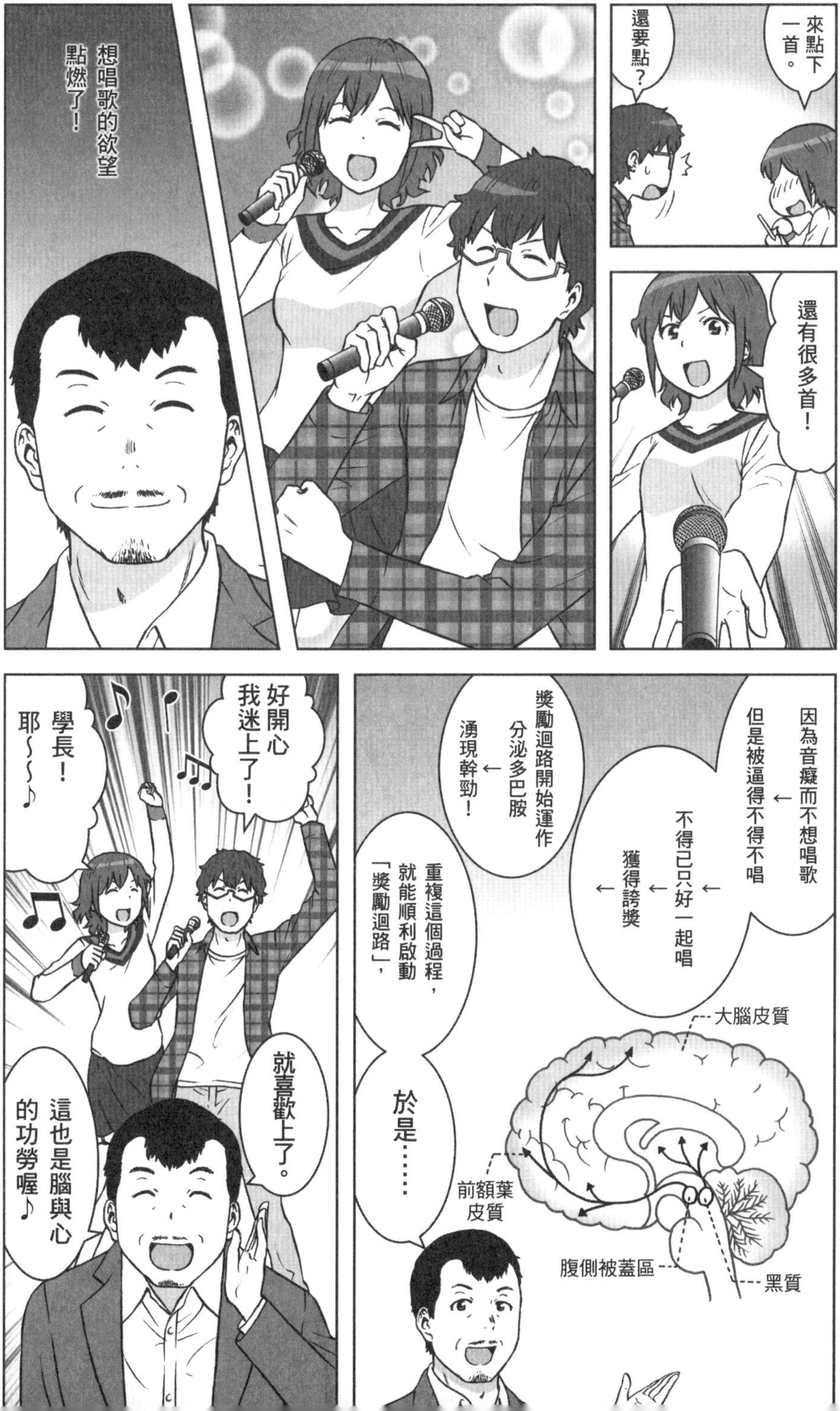
來點下一首。
還要點？
還有很多首！
想唱歌的欲望點燃了！
因為音癡而不想唱歌
但是被逼得不得不唱
← 不得已只好一起唱
← 獲得誇獎 ←
獎勵迴路開始運作
分泌多巴胺 ←
湧現幹勁！
重複這個過程，就能順利啟動「獎勵迴路」，
於是……
大腦皮質
前額葉皮質
腹側被蓋區
黑質
好開心
我迷上了！
學長！
耶～～～♪
就喜歡上了。
這也是腦與心的功勞喔♪

大腦容易受騙

正向思考的力量

宣稱這個藥有效，結果還真的有效？

假藥（安慰劑，※1）照理說雖沒有治療效果，服用之後卻眞的減輕了疼痛——這種現象稱爲「安慰劑效應」。

研究人員調查「標示爲止痛藥的安慰劑」以及「標示爲安慰劑的止痛藥」兩者藥效的差異，結果發現其實大同小異。更有趣的是，有些人就算知道自己服用的是安慰劑，服用後依然覺得有效。

另外也有研究指出，對於藥物的期待越高，大腦的伏隔核會分泌越多的多巴胺（※2）。疼痛趨緩應該與大腦的這種傾向有關。

多巴胺神經系統容易受騙

我們的多巴胺神經系統容易受騙，其實不僅是痛覺，就連舒適、溫柔等感覺，也容易受到周遭環境與期待所影響。

例如，如果我們事先知道是自己品嘗的是昂貴的紅酒，或是一流主廚烹調的料理，就容易認定餐點格外美味。味覺雖然是主觀的感覺，卻非常容易受到影響。

既然不確定藥物是眞是假也能治好疼痛，那麼執著於究竟哪個是眞的、哪個是假的或許意義不大。相較之下，「認定沒問題」能有效抑制消極的情緒，這情況還比較重要。

※1【安慰劑】不含有效成分，照理說沒有治療效果的藥物。

※2【多巴胺】大腦中主掌愉快的情緒、調節運動與荷爾蒙、幹勁、學習等方面的神經傳導物質。多巴胺神經系統分為獎勵系統與運動調整系統。

安慰劑效應的原理

分泌多巴胺的神經系統中，
位於腹側被蓋區的 A10神經等迴路稱為「獎勵系統」。
獎勵系統又稱為快感系統，它和舒服、美味等感覺關係密切。

抱持正面的期待
吃下這個藥，就不會痛了！
疼痛改善了！（安慰劑效應）

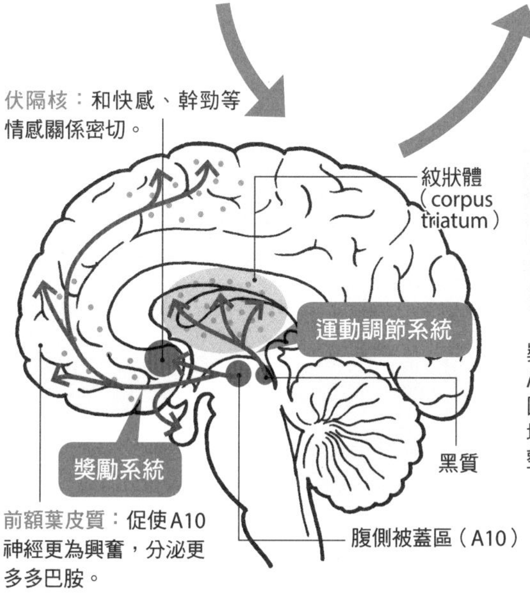
伏隔核：和快感、幹勁等情感關係密切。
紋狀體（corpus triatum）
運動調節系統
獎勵系統
黑質
腹側被蓋區（A10）
前額葉皮質：促使A10神經更為興奮，分泌更多多巴胺。

獎勵系統會因為我們期待安慰劑產生效果而活化，結果就真的舒緩了疼痛！

獎勵系統的中心是分泌多巴胺的A10神經。A10神經由腹側被蓋區延伸至前額葉皮質與伏隔核等地方，在經由各部位的過程中調整分泌的多巴胺量。

多巴胺神經統包括由黑質通往紋狀體的路徑，稱為「運動調節系統」。傳送到紋狀體的多巴胺會刺激大腦皮質的運動區，促使身體做出動作。

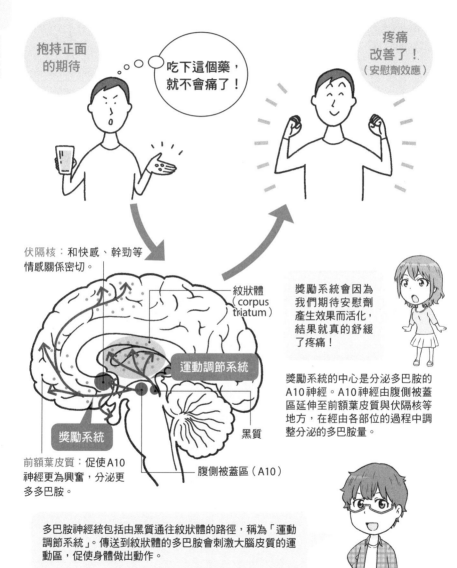

大腦愛模仿

看到對方笑，也跟著笑起來

大腦有看到對方動作便會活化的神經細胞

人類的腦部有一種神經細胞叫做「鏡像神經元系統」，作用是模仿眼前對象的動作和感情。一九九六年，義大利帕爾馬大學（University of Parma）賈科莫．里佐拉蒂教授（Glacomo Rizzolatti）的研究團隊在調查獼猴的腦部活動時，偶然發現了神經鏡像元（※1）。

利用獼猴觀察人來研究觀察拿取物體的動作與前運動皮質（※2）的關係時，發現獼猴看到人類伸手拿東西時，牠們的前運動皮質的腹側開始活化。這個部位相當於人類的語言區，這個反應代表雖然自身手部並沒有動作，腦中卻存在看到其他人動作會活化的神經細胞。

看到對方笑了，自己的腦子也跟著笑

另一項實驗則發現，看到他人的笑臉，自己也會跟著笑起來（請見第94頁圖）。

同理，A不經意露出不高興的表情，B看到後大腦也會跟著感到不愉快，而露出類似表情。A看到B的表情後下意識地判斷B心情惡劣，結果自己也跟著不開心。由此可知，人類可以藉由別人的表情同步體驗到對方的心情。

關係越是親密，越容易出現這種現象；另外相較於男性，女性比較容易出現鏡像行爲。

※1【鏡像神經元】大腦中的一種神經細胞，在自己做出動作以及觀察他人做出相同動作時，都會活動。

※2【前運動皮質】位於額葉的初級運動皮質前方和前額葉皮質的後方，直接連結腦幹與脊髓，與執行運動、基於感覺訊息採取的行動和理解他人動作（鏡像神經元）有關。

鏡像神經元作用的原理

面對他人的時候，為了了解對方的動作代表什麼意義，
我們的大腦會不自覺地模仿，在腦中出現相同的動作。

相當於人類
語言區的部位
猴子看到「人類伸手要拿東西」時，牠的腦中「自己伸手拿眼前飼料」的部位（前運動皮質的腹側部）也跟著活化！
伸手拿杯子的人
觀察人類動作
的猴子

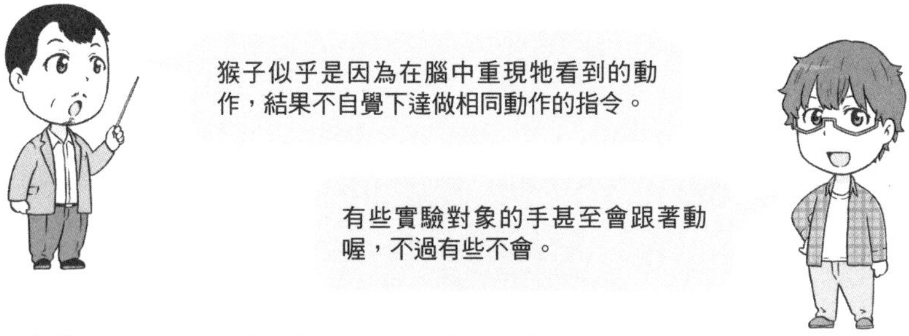

猴子似乎是因為在腦中重現牠看到的動作，結果不自覺下達做相同動作的指令。

有些實驗對象的手甚至會跟著動喔，不過有些不會。

鏡像神經元位於大腦的這些部位

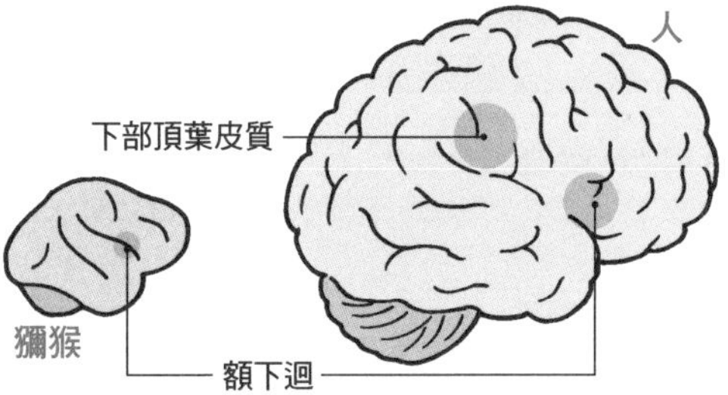
人
下部頂葉皮質
獼猴
額下迴
（Inferior frontal gyrus）

一九九六年時發現的獼猴鏡像神經元，是位於前運動皮質的腹側部。人類則是語言區（布洛卡區）與下部頂葉皮質附近有特別多的鏡像神經元。

＊Glacomo Rizzolatti et al Cognitive Brain Research 1996

鏡像神經元無法發揮作用？

我們人類之所以模仿自己看到的動作，是為了了解對方，
因此動作受限時會比較不容易了解對方，因而感到困惑。

透過鏡像神經元系統感受露出笑容時是什麼感覺，因而了解面前的人「很愉快」。

因此我們一看到別人在笑，自己無意識中也跟著想笑。

這個時候！
實驗「自己的臉部肌肉無法動作時，是否能判斷對方的表情」。

嘴巴裡咬著鉛筆，
無法使用臉部肌肉。

結果 由於無法使用自己的臉部肌肉，結果受試者也看不出對方表情細膩的變化。

咬住鉛筆會限制臉部肌肉活動，導致無法模仿對方的動作，結果就難以判讀對方的心情。

有風險的行為也會同步

有研究指出，賭博這類有風險的行為，也會受到他人的決策所影響。
底下就來說明有風險的決定是如何受到他人影響。

實驗：用打氣筒給氣球充氣，就可以獲得金錢報酬

實驗對象為18～25歲的學生共52名。

1

用打氣筒給氣球充氣，充氣次數越多，可以領到越多酬勞，但要是吹破了就沒錢可領。第一次請實驗對象隨自己高興給氣球充氣。

2

第一次結束之後，詢問受試者第二次想要打氣幾次。

3

之後告訴他其他實驗對象說的打氣次數，再問受試者想打要幾次氣，並告訴他可以跟剛才回答的不一樣。

結果 由此可知，當夥伴採取風險高或風險低的作法時，自己也會跟進。

根據這個實驗可以知道，風險行為容易與別人同步以及影響他人。也有研究發現，如果周遭有人沉迷賭博，研究對象也容易出現相同的問題。

＊Livia Tomova & Luiz Pessoa Scientific Reports 2018

大腦容易上癮❶
幹勁的開關在哪裡？

幹勁和努力會促使復健更順利

近年的腦科學研究顯示，藉由復健恢復身體的運動功能時，充滿幹勁去做的話，效果會好得多。過去臨床上便觀察到，脊髓受損或腦中風的患者復健時如果充滿幹勁，復原速度會更快。然而當時還沒有從腦科學的角度，去分析「幹勁與努力」等心理狀態，跟恢復運動功能究竟有什麼關係。

直到最近才有研究發現，運動功能復原初期，是仰賴涉及「動力與努力」的伏隔核（※1）活化掌管運動功能的運動皮質，來協助恢復運動功能（＊）。

行動與愉悅的心情結合，能夠提升幹勁

伏隔核位於腹側紋狀體，而紋狀體（※2）則會將行動與愉悅結合。此外，前額葉皮質的腹內側也會將行動與愉悅結合。

例如：完成某個行爲便獲得稱讚，重複個幾次之後，紋狀體便會開始預測。之後只要感覺到該行爲的預兆，紋狀體便會神經衝動。

正是紋狀體的神經衝動激發了我們的幹勁。因此想要提升他人的幹勁，重點就在他完成要求的行爲時稱讚他。同理，想要提升自己的幹勁，你可以在完成必要行爲時鼓勵自己。

※1【伏隔核】位於額葉，掌管獎勵與企圖等高階功能。

＊西村幸男副教授等人組成的團隊做了以下研究

他們利用藥物暫時阻斷脊髓損傷前、恢復中，以及恢復後的猴子的伏隔核作用，調查是否影響手部靈巧運動的速度。

：Yukio Nishimura et al Science 2015

※2【紋狀體】構成基底核的神經核之一。除了調整肌肉張力，也與展開和持續行動、做決定等相關。

幹勁會影響復健效果

脊髓受傷或腦中風的患者倘若充滿幹勁、開開心心地復健，
會加快身體復原的速度。
接下來跟大家說明幹勁與努力如何幫助恢復運動功能。

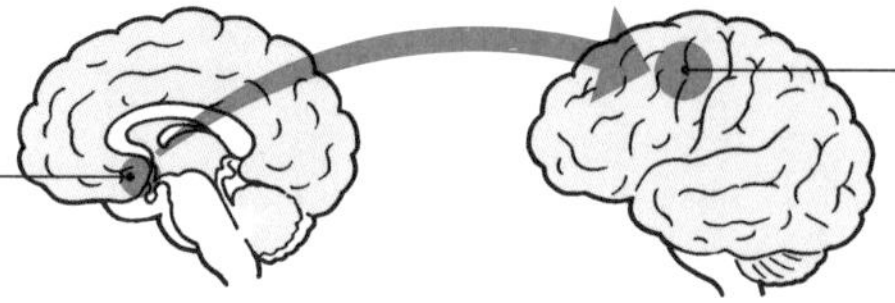
伏隔核
與幹勁、愉快
相關的腦區。
運動皮質
掌管運動功能
的腦區。

復健到中途時阻隔伏隔核的作用，原本的復健效果會消失得一乾二淨。但是原本並非癱瘓的人就算伏隔核停止活動也能繼續運動。

復健或學習新事物時，需要心情愉悅或者具備幹勁。老手不需要幹勁也能完成工作，所以他們才會叨念新人說：「打起勁來！」

鬍子老師小教室

累積成功體驗，
你會變得更有幹勁！

當體驗到「這麼做就沒問題」、「這麼做就會被誇獎」，我們大腦中的神經傳導物質多巴胺便會持續分泌，帶來愉悅的心情。
如此一來，腦部自然會想持續剛才的行為，這會進而強化腦中迴路，使行為更加熟練順暢，多巴胺因而分泌更多，再度感受到愉悅……
多巴胺形成的強化學習循環，能提升幹勁或是維持動力。

大腦容易上癮❷
因爲不確定才上癮

因為開心才戒不掉？

人類感到愉快時，會想持續做帶來快樂的行爲，或是不願失去帶來快樂的事物。這種現象和涉及愉悅、行動的獎勵迴路（多巴胺神經）功能關係密切。

例如：在給予獎勵以啓動獎勵迴路神經衝動（※1）的實驗中，當猴子記住獲得獎勵的徵兆並開始預測時，多巴胺神經在看到徵兆時就活化了；當預測成眞時，愉悅的感覺達到頂點。

另一方面，沒有像預測的那樣獲得獎勵時，多巴胺神經的神經衝動便會完全停止，猴子的腦袋變得一片空白，甚至動怒。

吊胃口也會讓人戒不掉

大家看到這裡，或許會以爲多巴胺神經只有獲得獎勵時才活化，其實預測獎勵時也有反應；大腦還會計算預測的獎勵和實際情況的差異（報酬預測誤差），誤差爲正値時多巴胺神經會有反應。實驗發現，獲得獎勵的徵兆信賴度爲五成到七成五時，多巴胺神經的神經衝動次數最多。獎勵的不確定性類似賭博，它會提升愉悅感與幹勁，強化行爲。

所以談戀愛時，比起總是很溫柔，偶爾冷淡以對反而更能引發對方的熱情，正是這項機制的影響。

※1【神經衝動】神經細胞內的電位（膜電位）在興奮時會上升，嘗試抑制時會下降。神經衝動是指神經細胞由於受到刺激而興奮，嘗試把訊息傳給其他神經細胞時打開輸出開關的狀態。

教猴子「記住愉悅」的實驗

在操作制約實驗中，研究人員給予猴子糖水，
記錄牠的多巴胺神經的神經衝動次數，
判斷猴子記住愉悅的瞬間。

實驗：讓猴子記住愉悅的操作制約

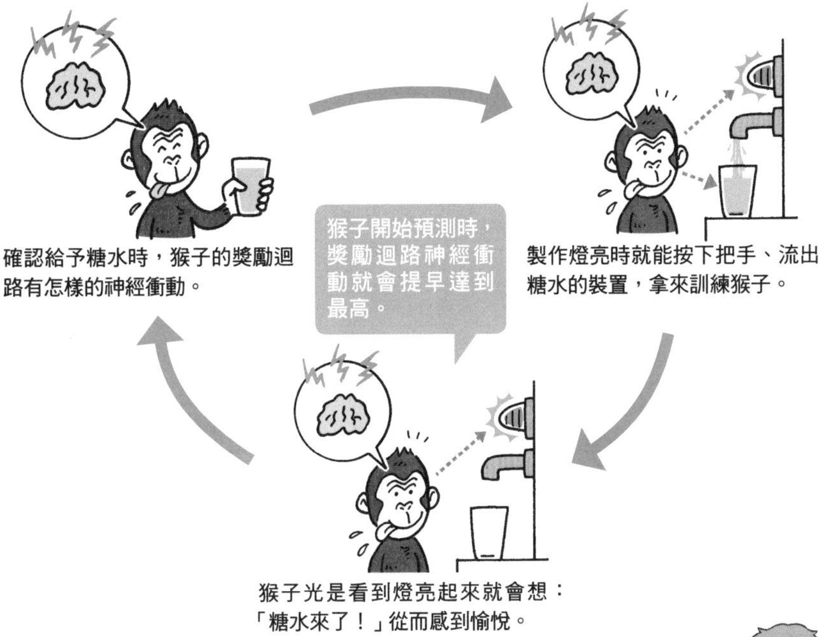
確認給予糖水時，猴子的獎勵迴路有怎樣的神經衝動。
製作燈亮時就能按下把手、流出糖水的裝置，拿來訓練猴子。
猴子開始預測時，獎勵迴路神經衝動就會提早達到最高。
猴子光是看到燈亮起來就會想：「糖水來了！」從而感到愉悅。

不僅如此，反覆實驗還發現，比起實際喝到糖水，燈亮起來時，猴子神經衝動的次數更多。

如果加入喝不到的模式，猴子會更加期待，認為「搞不好下一次就能喝到糖水」，神經衝動的總次數也會增加。想要強化行為，訣竅在於把獲得獎勵的機率控制在五成到七成五！

＊Schultz W. Physiology 1999
Schultz W. Discreate et al Science 2003
Bossaerts P. et al Philos Trans R Soc Land B Biol Science 2008

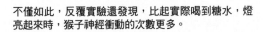

大腦感受到的幸福

幸福是腦部的感受

感受幸福的程度深受大腦楔前葉影響

近年有研究發現，越是強烈感到幸福的人，位於右腦皮質的楔前葉（precuneus）越大（參見左頁）。

楔前葉位於頂葉內側，在扣帶迴上方（※1），除了有研究指出感到幸福時這部位會活化，楔前葉的活動還會受意識清楚程度所影響，因此它可能也跟形成主觀經驗有關。腦中許多部位傳來的訊息都匯集於此，不妨想像這裡有一幅體內的地圖。

總而言之，楔前葉負責整合情感與認知的訊息，進而產生主觀的幸福感受。

冥想能改變楔前葉的大小？

前面提及的那項研究的實驗團隊還發現，樂觀、情感強烈、不易產生消極情感的人，以及容易覺得人生有意義的人，楔前葉也比較大。

楔前葉的功能還有許多尚待釐清的謎團，上述實驗也並未說明究竟是楔前葉大所以容易感到幸福，還是由於感到幸福才導致楔前葉較為發達。

然而有其他研究報告指出，冥想（※2）會改變楔前葉的大小。活用這些科學報告，持續研究，或許在不久的將來，我們就能找到幸福感的生成機制，並且加以控制。

※1【扣帶迴】位於胼胝體外側，屬於大腦邊緣系統。對杏仁核與海馬迴等部位發揮功能，涉及抑制情感、記憶與認知等等。

※2【冥想】靜下心來，集中精神的行為。冥想的效果包括傾聽自己的內心，重新審視自己等等，目前商業界也開始注意到冥想的好處了。

感受幸福的腦區

京都大學特聘副教授佐藤彌等人的研究團隊透過實驗確認，
位於右腦頂葉的楔前葉大小，與主觀的幸福感受有關。

實驗 藉由磁振造影測量腦部灰質與白質的體積，並使用問卷調查主觀的幸福感受。實驗對象為平均22.5歲的成年男女。

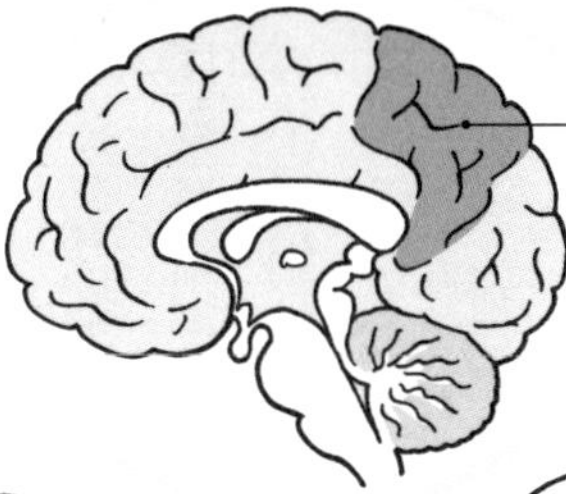
楔前葉
位於頂葉內側，越大越容易感到幸福。

優勝

・「和同齡的人相較是否覺得幸福？」
・「是否有人生目標或計畫？」……等問題

結果 由以下圖表可以看出右腦楔前葉的大小與主觀的幸福感之間的關係！

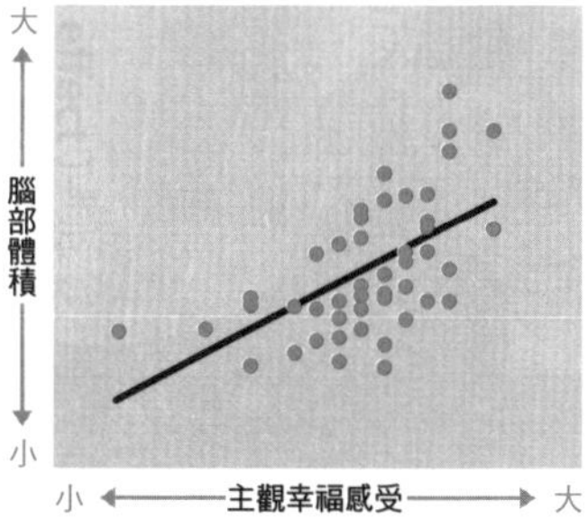
大
腦部體積
小
小
主觀幸福感受
大

楔前葉的體積
與主觀的幸福感之間的關係

所以楔前葉越大的人可能越容易覺得幸福啊！

＊Wataru Sato et al Sciencetific Reports 2015

大腦感受到的壓力

壓力反應是保護身體的機制

壓力會破壞身體平衡

人類由於具備體內平衡的功能，因此儘管外界環境變化頻仍，身體依舊能維持穩定的狀態。我們藉由自律神經、內分泌與免疫力這三大系統維持良好平衡，來確保體內平衡（Homeostasis）。只不過，體內平衡狀態有可能遭到壓力破壞。

我們承受壓力時，身體會出現壓力反應。這是爲了突破危機的特殊機制。例如在山裡遇上熊時，身體會突然做出「逃跑」、「搏鬥」、「縮起身子」等反應，這些都是爲了克服危機而立刻擺出的對應姿勢。

壓力如何影響自律神經和內分泌系統

外界刺激所造成的壓力首先由大腦皮質接收，傳送到產生情緒反應的杏仁核（※1），要求杏仁核處理壓力。下視丘（室旁核外側區，※2）收到訊息後，會分泌促腎上腺皮質素釋素（CRH），之後啓動與體內平衡相關的自律神經系統與內分泌系統。

內分泌系統的路徑，是經由腦下垂體向腎上腺（※3）下達指令，促使腎上腺皮質分泌皮質醇。皮質醇會配合壓力的強度分泌，促使新陳代謝和免疫功能活化，保護我們的身體免受壓力侵害。

※1【杏仁核】形狀類似杏仁的器官，位於與記憶相關的海馬迴前方。

※2【下視丘（室旁核外側區）】構成間腦下方下視丘的神經核之一，與壓力反應有關。

※3【腎上腺】位於腎臟上方的內分泌器官，由外側的皮質與內側的髓質組成。

壓力反應的機制

杏仁核一感受到壓力，便會向下視丘下達應對壓力的指令。
傳送至下視丘（室旁核外側區）的指令會兵分兩路，
啟動自律神經系統與內分泌系統。

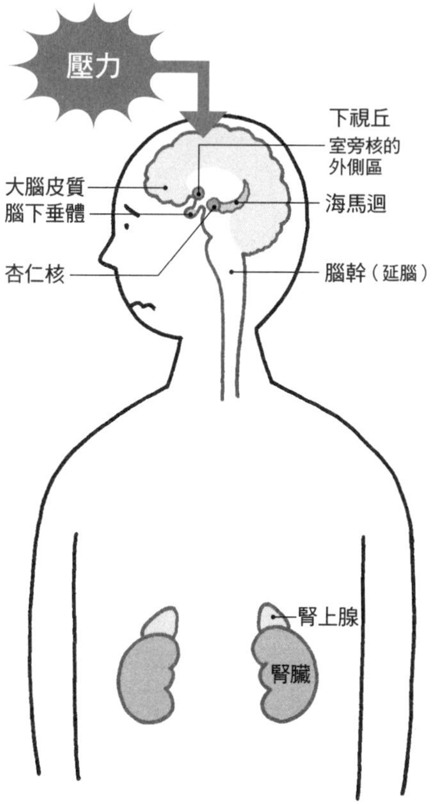
壓力
下視丘
室旁核的
外側區
大腦皮質
腦下垂體
海馬迴
杏仁核
腦幹（延腦）
腎上腺
腎臟

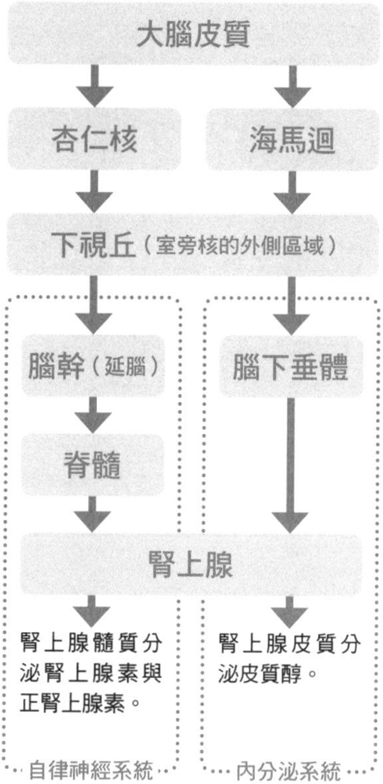
大腦皮質
杏仁核
海馬迴
下視丘（室旁核的外側區域）
腦幹（延腦）
腦下垂體
脊髓
腎上腺
腎上腺髓質分泌腎上腺素與正腎上腺素。
腎上腺皮質分泌皮質醇。
自律神經系統
內分泌系統

來自外界的刺激，會經過大腦皮質的感覺皮質和聯合區，傳送到大腦邊緣系統。腦部辨識出刺激是壓力時，下視丘便開始活動。

腎上腺的皮質與髓質所分泌的荷爾蒙不一樣喔！

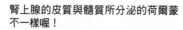

腎上腺的功能

腎上腺位於腎臟上方，由腎上腺皮質與髓質構成，
它所分泌的荷爾蒙對於維護體內環境十分重要，
能有效控制我們的體溫、血壓、水分，以及鹽分等等。

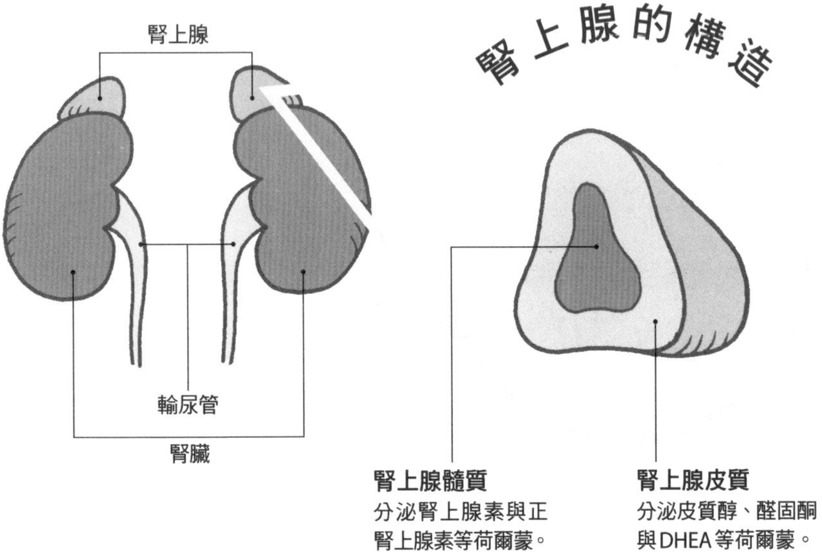

腎上腺
輸尿管
腎臟
腎上腺的構造
腎上腺髓質
分泌腎上腺素與正腎上腺素等荷爾蒙。
腎上腺皮質
分泌皮質醇、醛固酮與DHEA等荷爾蒙。

長期持續的壓力會影響身體健康

自律神經的路徑，是促腎上腺皮質素釋素透過延腦與脊髓，活化自律神經（交感神經），腎上腺因而接受指令，由腎上腺髓質分泌腎上腺素與正腎上腺素。其中又以腎上腺素會引發血管收縮、血壓上升與心跳加快等現象。

由於皮質醇也會抑制下視丘活動，因此能控制暫時的壓力所造成的反應。

然而，承受壓力的時間倘若過長，會破壞抑制機制，導致荷爾蒙分泌過度而抑制免疫系統，變得容易生病。

交感神經與副交感神經

自律神經分為交感神經與副交感神經，
其中交感神經連結各個器官與脊髓，控制整體功能；
副交感神經則與各個器官分別連結，僅能控制部分功能。

交感神經 **副交感神經**

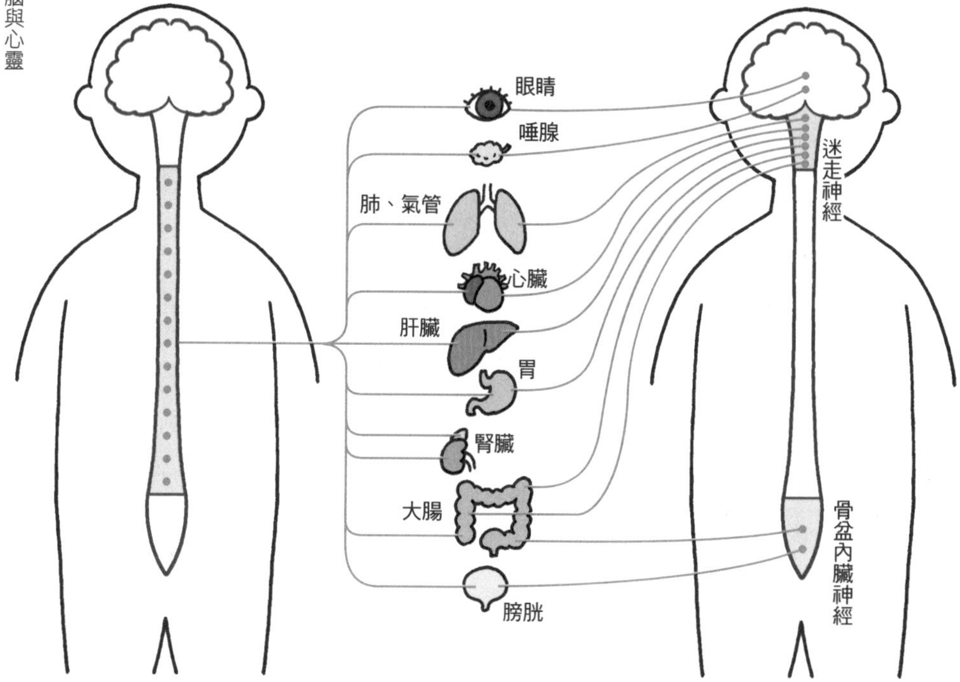
眼睛
唾腺
肺、氣管
心臟
肝臟
胃
腎臟
大腸
膀胱
迷走神經
骨盆內臟神經

交感神經與副交感神經會使同一個內臟或器官做出相反的反應，配合外界與體內的情況而切換，以取得平衡。

交感神經一直處於興奮狀態的話，會導致身心疲倦。有時候得讓副交感神經發揮作用，舒緩放鬆，才能維持身心健康。

專欄

3

為什麼沒地震卻覺得地面在搖晃？

經歷大地震之後，有時明明沒地震，有的人卻也覺得地面在搖晃。其他類似的例子還包括誤以為智慧型手機在振動。這種現象稱為「幽靈振動症候群」（phantom vibration syndrome）。

地震所引發的錯覺可能是源自頻繁發生的餘震，卻也和壓力有關係。換句話說，明明沒有地震卻感到地面搖晃，會引發恐懼——會瞬間重新經歷大地震時的感覺與驚懼。

研究人員詢問調查對象後發現，手機頻繁響起地震警報，會使他們心頭重新湧起對地震的恐懼。原本發警報是為了提醒大家保持危機意識、注意安全，沒想到警報本身反倒成為壓力來源。至於誤以為智慧型手機在振動，或許是因為期待來電，導致大腦預測了振動。

美國布朗大學（*1）有研究發現，在陌生的地方生活，第一天夜裡左腦難以進入深層睡眠，容易受到外界的刺激而清醒。

然而這種情況在一星期之後便消失了。這可以解釋為人類具備適應能力，一旦習慣了，便連困難的情況都能應對。

（*1）Masako Tamaki et al Current Biology 2016

第3章

腦與記憶

我們無法記下一切所見所聞和體驗。
然而，留下的記憶和忘卻的記憶，差別究竟在哪裡呢？
這一章就來深入介紹腦的另一項功能——記憶。

留下的記憶，忘卻的記憶

好舒服喔～
景色真美！
視覺接收的訊息。
有鳥在叫！
啾—
聽覺接收的訊息。
好香的味道喔！
拉麵
我肚子餓起來了——
要吃嗎？
嘰
拉麵
太棒了！
嗅覺接收的訊息。
連味覺都受到刺激了。

我要開動了♪
嗯——
唏哩呼嚕
嚼嚼
學長，你有喜歡吃的東西嗎？
我沒有特別喜歡或討厭什麼。
從小就這樣。
你難道都沒有討厭吃什麼嗎？
我最討厭吃的是蔬菜，我媽媽總是一副拿我沒辦法的樣子……
不要!!
媽媽跟我一起做菜！
我有討厭的食物。
而且還很多…
所以，那時候……對了！

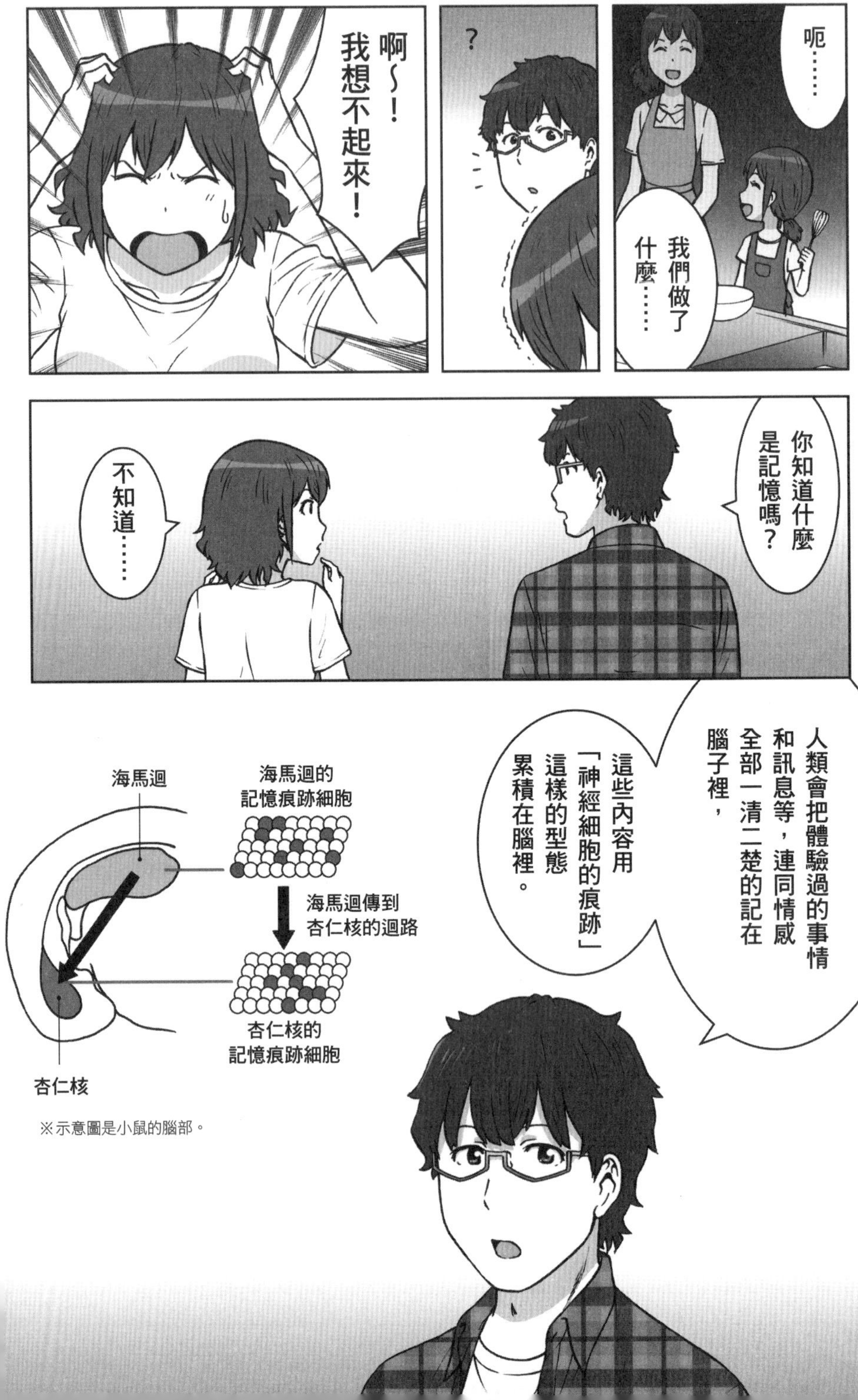
呃……
我們做了什麼……
？
啊～！我想不起來！
你知道什麼是記憶嗎？
不知道……
人類會把體驗過的事情和訊息等，連同情感全部一清二楚的記在腦子裡，
這些內容用「神經細胞的痕跡」這樣的型態累積在腦裡。
海馬迴
海馬迴的記憶痕跡細胞
海馬迴傳到杏仁核的迴路
杏仁核的記憶痕跡細胞
杏仁核
※示意圖是小鼠的腦部。

痕跡……
所以那個記憶，
應該還在你的腦子裡。
但比起記事情，我們的腦更擅長忘記事情。
你只是現在想不起來。
原來如此……
鍋貼來了！久等了！
我等好久了！
咚
嚼嚼嚼嚼
嚼嚼嚼嚼嚼
啊！
這個……就是這個！
我跟媽媽一起做的
是鍋貼！
想起來了，由於我討厭吃菜，媽媽就邀我一起做。
我想起來了！

我們體驗過的事本來是很難忘的。
這就是「情節記憶」（episodic memory）。
但是情感會隨著時間過去，而逐漸淡化。
不知從什麼時候開始，體驗就像數學公式一樣，從自己獨有的回憶，成為普通的記憶，
逐漸失去了情節。
這就是「語意記憶」（semantic memory）。
你想起來了，真是太好了。
唏哩呼嚕
是啊！
今天晚上我就打個電話給媽媽。

振動——
振動——
From: 鬍子老師
你們忘記該上課了。
唰
糟糕！已經這麼晚了！
From: 原　紀子
對不起！
人類的大腦真的很健忘呢！
？

記憶有好幾種

忘卻的記憶與一直記得的記憶

根據儲存的時間來分類記憶

我們的記憶根據儲存的時間，大致可分爲三種：感覺記憶、短期記憶與長期記憶。

首先是各種感覺器官接收來自外界的刺激，以感覺記憶儲存數秒。閉上眼睛後還暫時看得到影像，就是感覺記憶。此時訊息也會傳送到大腦邊緣系統的海馬迴，成爲短期記憶。

另一方面，查電話號碼到打完電話等短期作業時記得，作業結束後便忘記的記憶，稱爲「工作記憶」。這種記憶不會經由海馬迴，而是由前額葉皮質（※1）處理。

大腦皮質處理長期儲存的記憶

海馬迴儲存記憶的時間約莫一分鐘，大約九成的記憶會隨著時間而消逝。傳送至海馬迴的感覺記憶當中，只有眞正需要的記憶會傳送到大腦皮質。傳送至大腦皮質的訊息會形成長期儲存的長期記憶。

日本理研（※2）的研究團隊發現，學習一天之後的回憶，是使用經過海馬迴的路徑處理，二星期之後則是使用經由大腦皮質的迴路（參見116頁圖示）。

想要保存的記憶會隨著時間流逝，而由海馬迴轉移到大腦皮質。

※1【前額葉皮質】位於大腦皮質前方（額頭的位置），接收來自顳葉聯合區與前頂葉皮質的訊息，進行綜合判斷，訂定行動計畫，負責處理工作業務。

※2【理研】日本「國立研究開發法人理化學研究所」的通稱，是日本唯一的自然科學綜合研究所，組織包括依據國家策略，推動研究開發的「腦神經科學研究中心」等等。

記憶的種類與儲存的腦區

記憶根據儲存的時間長短分成幾類，
它們使用的腦區也有所不同。

記憶的種類

心理學根據記憶儲存的時間，將記憶分為以下三種：

感覺記憶

儲存時間最短的記憶，儲存位置是感覺器官。由於儲存時間短暫，我們不會意識到自己曾記得。來自外界的刺激首先會以感覺記憶的型態儲存。

感覺器官

短期記憶

人類意識到的感覺記憶便是「短期記憶」，儲存時間約莫一分鐘，一次能儲存的訊息量也有限。

海馬迴

工作記憶

前額葉皮質

長期記憶

短期記憶當中，有許多訊息會遭到遺忘，少數會以長期記憶形式儲存。長期記憶會儲存得很久，從數分鐘到一輩子都可能。

大腦皮質

僅在作業期間儲存的記憶，屬於短期記憶的一種，使用的腦區卻是前額葉皮質。

與記憶相關的腦區

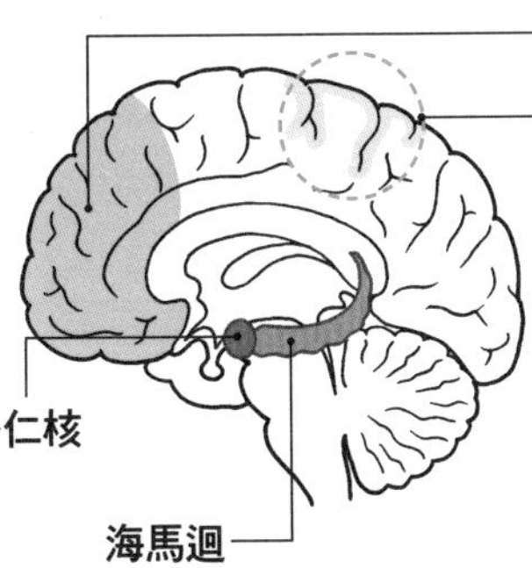

前額葉皮質

位於額葉前方，針對訊息綜合判斷，訂定行動計畫。
➡工作記憶

大腦皮質

位於大腦表面，掌管感覺、思考與記憶等高階功能。
➡長期記憶

杏仁核

海馬迴

屬於大腦邊緣系統，形狀類似海馬，主要功能為記憶。
➡短期記憶

感覺記憶是眼睛與耳朵等感官「姑且先記下」的記憶，之後判斷需要儲存的部分才會送到海馬迴，成為短期記憶。

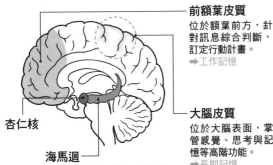

記憶固化的機制

記憶由海馬迴傳送至我們的大腦皮質，
最後長期儲存在那裡。
接下來就跟大家介紹處理記憶固化的神經迴路機制。

記憶從海馬迴傳送至大腦皮質

日常生活中發生的事情（情節記憶），如何隨著時間經過，在我們的大腦中形成固化的神經迴路呢？

學習時

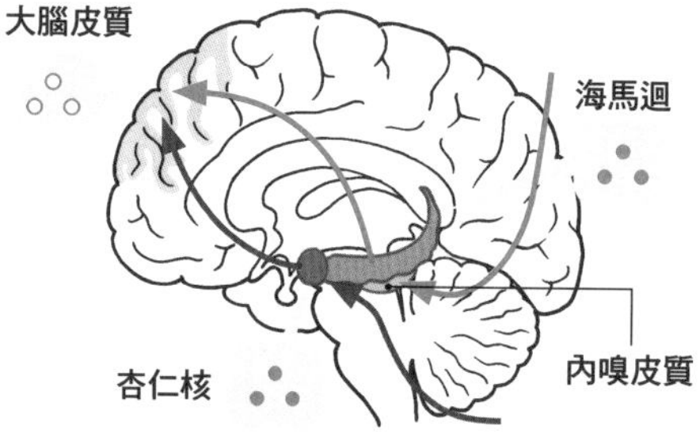

大腦皮質
海馬迴
杏仁核
內嗅皮質

● 活化的記憶痕跡細胞
○ 沉默的記憶痕跡細胞
← 傳送刺激的神經迴路

記憶痕跡細胞是什麼？

負責記憶的細胞，又稱為「記憶印痕細胞」。

活化狀態代表可以回想起來。

沉默狀態代表雖然擁有那項記憶，卻無法馬上回想起來。

透過學習而形成的記憶痕跡細胞，首先出現於海馬迴，其次在大腦皮質與杏仁核出現。但是我們學習時，大腦皮質的記憶痕跡細胞處於沉默狀態。

學習一天之後回想的情況

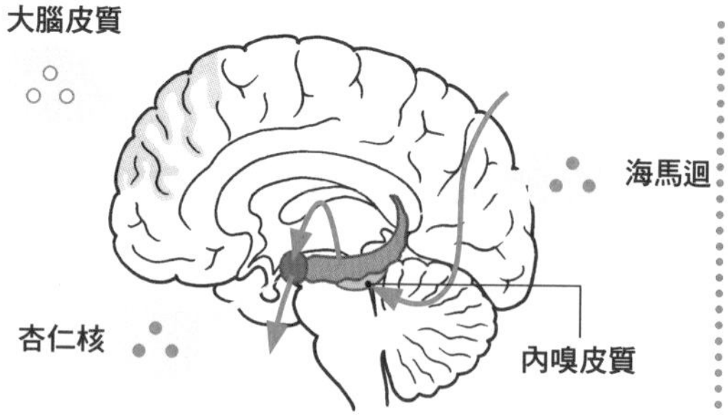

大腦皮質
海馬迴
杏仁核
內嗅皮質

來複習昨天的課吧！

大腦皮質的記憶痕跡細胞維持在沉默的狀態，代表大腦皮質並未動作。這時回想所使用的神經迴路是「海馬迴→（內嗅皮質）→杏仁核」。

▶ 海馬迴與杏仁核的記憶痕跡細胞呈現活化狀態。

學習後二到十天的記憶情況

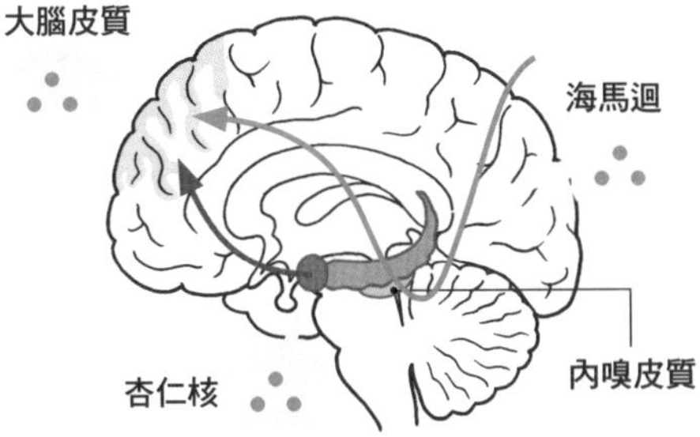
大腦皮質
海馬迴
杏仁核
內嗅皮質

學完一陣子之後，活化的記憶痕跡細胞出現的部位，跟剛學完時出現的部位不一樣！

記憶需要好幾天才能成熟。大腦皮質中的記憶痕跡細胞原本處於沉默狀態，隨著時間過去會逐漸成熟，活化起來；反觀海馬迴中的記憶痕跡細胞，則全數轉為沉默狀態。杏仁核中的記憶痕跡細胞則持續處於活化狀態。

我們是使用記憶痕跡細胞活化的神經迴路來記憶！

「內嗅皮質」是什麼？

位於大腦皮質與海馬迴之間，記憶的輸出與輸入幾乎都是由這個部位處理。

學習後二星期回想的情況

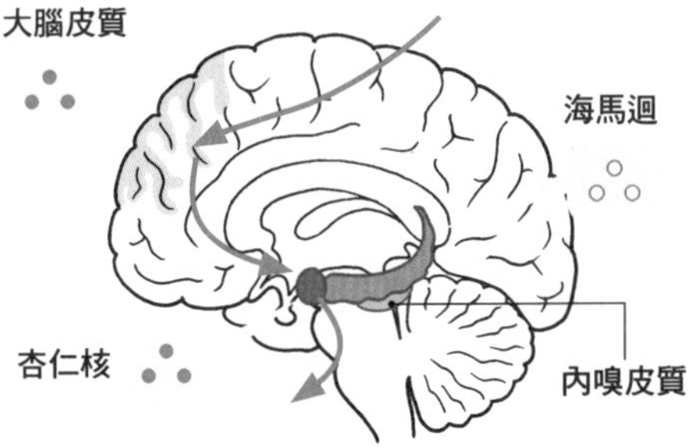
大腦皮質
海馬迴
杏仁核
內嗅皮質

之前一直默背的單字！
テスト

海馬迴中的記憶痕跡細胞如果逐漸陷入沉默，表示海馬迴並未動作。記憶成熟後，用於回想的神經迴路是「大腦皮質→杏仁核」。

▶ 大腦皮質和杏仁核的記憶痕跡細胞呈現活化狀態。

＊理研（理化學研究所）利根川進等人的研究團隊根據小鼠的實驗結果，描繪人類也能適用的示意圖。
Susumu Tonegawa et al Science 2017

記憶的原理

記憶儲存在哪裡呢？

記憶儲存在連結的神經細胞中

實驗證明記憶使用光遺傳，以神經細胞相互連結的形式儲存於腦部。目前普遍認爲記憶是以「記憶痕跡」儲存於腦中，記憶痕跡包含過去體驗的所有細節。

記憶痕跡位於負責記憶的神經細胞（記憶痕跡細胞）與其他相同細胞連結形成的網路。過往認爲，強化神經細胞連結的突觸增強（※1），是長期儲存記憶所不可或缺的要素。然而最近的研究發現，記憶痕跡細胞無須突觸增強，依舊能穩定儲存記憶（參見左頁）。

持續刺激能避免大腦遺忘

赫爾曼．艾賓豪斯（※2）的古典實驗發現，人類在記憶二十分鐘後便會忘記四成，一天後忘記七成。換句話說，倘若不做任何努力，一天之內就會忘卻大多數的記憶。

比起「記憶」，我們的大腦實際上更擅長「遺忘」。因此如果你有什麼事情不想遺忘，就必須反覆將它們傳送至腦部。藉由反覆傳送，能促使大腦認定那是重要資訊。

然而比起吸收的訊息，大腦更容易記住輸出的訊息，因此趁複習時回想記憶，能夠將事情記得更久。

※1【突觸增強】彼此連結的神經細胞在一邊的神經細胞活動後，另一邊的神經細胞也立刻開始活動。這種現象若反覆出現，會促使連結兩者的突觸增強。

※2【赫爾曼．艾賓豪斯】赫爾曼．艾賓豪斯（Hermann Ebbinghaus，一八五〇～一九〇九）是德國心理學家，膾炙人口的研究成果是「遺忘曲線」：他利用背誦無意義的音節，測量自己隨著時間而忘卻的記憶有多少。

記憶的網路

儲存記憶的神經細胞（記憶痕跡細胞）彼此連結，
形成神經網路。

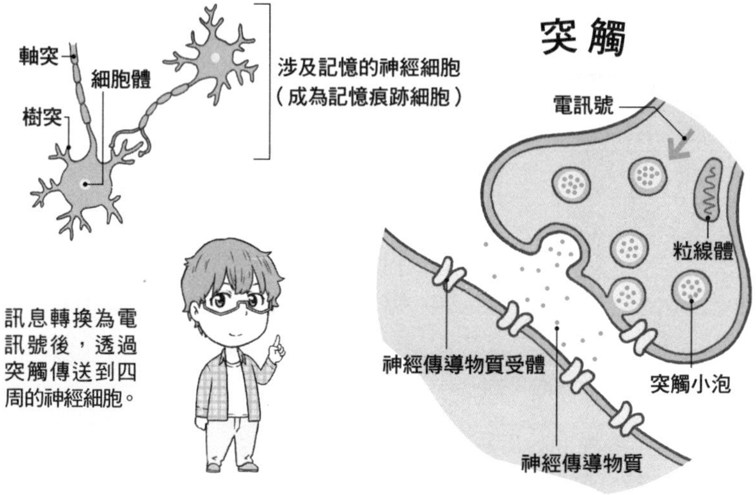
軸突
細胞體
樹突
涉及記憶的神經細胞
（成為記憶痕跡細胞）
突觸
電訊號
粒線體
神經傳導物質受體
突觸小泡
神經傳導物質
訊息轉換為電訊號後，透過突觸傳送到四周的神經細胞。

記憶的痕跡

科學家利用不會發生突觸增強的小鼠做實驗，調查記憶痕跡細胞
相互連結的情況，結果發現，就算沒有發生突觸增強的現象，
記憶依舊能穩定儲存在記憶痕跡細胞中。

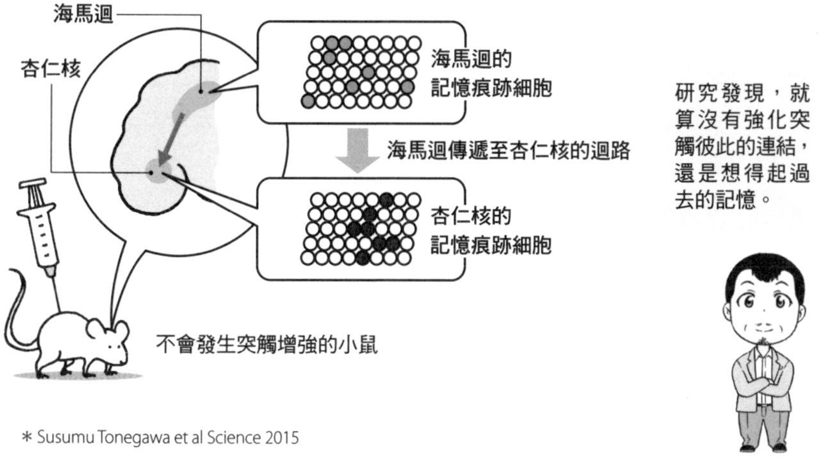
海馬迴
杏仁核
海馬迴的
記憶痕跡細胞
海馬迴傳遞至杏仁核的迴路
杏仁核的
記憶痕跡細胞
不會發生突觸增強的小鼠
研究發現，就算沒有強化突觸彼此的連結，還是想得起過去的記憶。

＊Susumu Tonegawa et al Science 2015

腦部的筆記功能
大腦一次只能記住三到四件事

作業過程中保留「工作記憶」

「工作記憶」又稱爲「運作記憶」，是指暫時記錄作業所需要的訊息，就好比腦部的筆記功能。

腦部會暫時記錄收到的訊息，整理後判斷是否要作出反應，實際採取行動。然而大腦能記錄的分量有限，因此不需要的訊息必須快速刪除。

例如在和他人交談時，會「聆聽（在腦中作筆記）→讀取內容並回應」。換句話說，人類平常本來就會利用工作記憶，處理訊息。

工作記憶是由前額葉皮質與頭頂聯合區負責處理，前額葉皮質主要負責高階的認知功能，像是下決定與抑制行動，我們人類之所以異於動物，跟這個部位有很密切的關係。

大腦同時處理的訊息分量有限

人類一次能處理的訊息分量有限。「那件事」、「這件事」等具備意義的單元（認知單位），我們一次約莫能記得三件，至多四件。日本的手機號碼由十一個數字組成，大家普遍認爲，將它分成三個單元便能記住。倘若是沒有意義的數字，大腦則一次能記得七加二或七減二個；單字一次能記得五加二或五減二個。這種腦部短期記憶的容量稱爲「神奇的數字」（※1）。

※1【神奇的數字（The Magical Number）】源自美國心理學家喬治・米勒（George Miller）於一九五六年發表的論文標題 The Magical Number Seven, Plus or Minus Two: Some Limits on Our Capacity for Processing Information（神奇的數字7±2：人類處理訊息的能力之侷限）。

工作記憶的原理

工作記憶是大腦同時處理多樣訊息時的記錄功能。
由於大腦一次能記憶的分量有限，
因此需要的訊息才會成為長期記憶，不需要的訊息則立刻刪除。

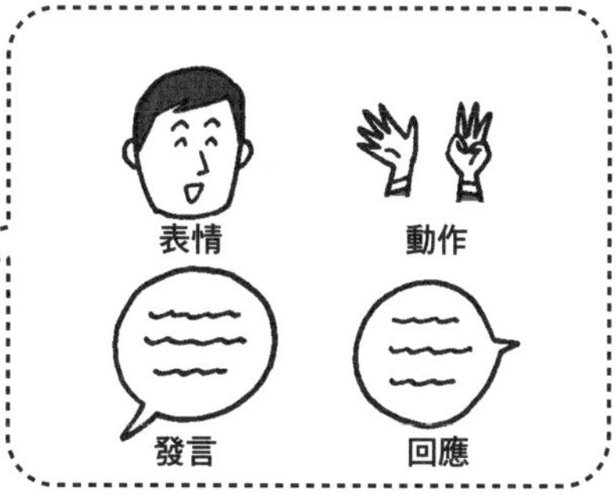

聆聽對方說話與回應時，大腦會同時記錄對方的表情、動作與他講的話，一邊思考要如何回應。

大家讀完說明應該明白，就算只是簡單的交談，大腦依舊需要瞬間儲存與刪除大量訊息。

工作記憶的範例

對話

記得大意卻無法想起每一個字句。

電話號碼

一打完就忘記默背起來的電話號碼。

心算

25＋67－48＝？

25＋67＝92
92－48＝44

44！

一算完「25＋67」，腦部馬上刪去原本記得的25與67；一算完「92－48」，腦部馬上刪去92與48，只剩下答案「44」。

身體記得的記憶
學會騎腳踏車就一輩子不會忘

身體的動作是由大腦與小腦記憶

長期記憶分為能以語言陳述的「宣告（陳述性）記憶」，以及烙印在身體的「內隱記憶」。內隱記憶又稱為「程序記憶」。記得怎麼騎腳踏車、游泳等運動步驟和演奏樂器的技術步驟，都屬於這類記憶。

處理內隱記憶的部位是小腦（※1）、基底核（※2）與前運動輔助區。

基底核負責調整動作，小腦負責控制肌肉，前運動輔助區則是把動作指令傳遞給肌肉。我們反覆練習時，其實就是在記憶正確的動作。

烙印在身體中的內隱記憶不容易遺忘

正確的記憶痕跡（烙印在記憶痕跡細胞的記憶）形成之後，我們無須一一回想「手要學到這個高度」、「接下來腳要踩踏板」等步驟，身體自然就會動起來。

內隱記憶透過反覆練習而記憶，學會之後就能自動動作，長期儲存於腦中。然而內隱記憶的痕跡，會隨著身體變化與神經細胞代謝等因素改變。一流選手的技術往往建立於複雜的平衡上，練習到近乎成為反射動作。因此當腦部無法對應重心位置與肌力等身體變化時，表現會立刻失常。

※1【小腦】位於腦部下方，連結橋腦與延腦。負責處理全身肌肉的動作與調節動作，維持身體平衡與控制姿勢，保持動作順暢；同時處理智能活動。

※2【基底核】結合大腦皮質、視丘，腦幹的一系列神經核團，由紋狀體、蒼白球、黑質與視丘下核組成。負責處理動作起始，掌管肌肉調節與根據記憶控制動作等等。

內隱記憶的機制

內隱記憶是透過重複正確的行為，讓身體記住如何動作。基底核負責協調動作，細部的肌肉運作方式則是由小腦負責記憶。

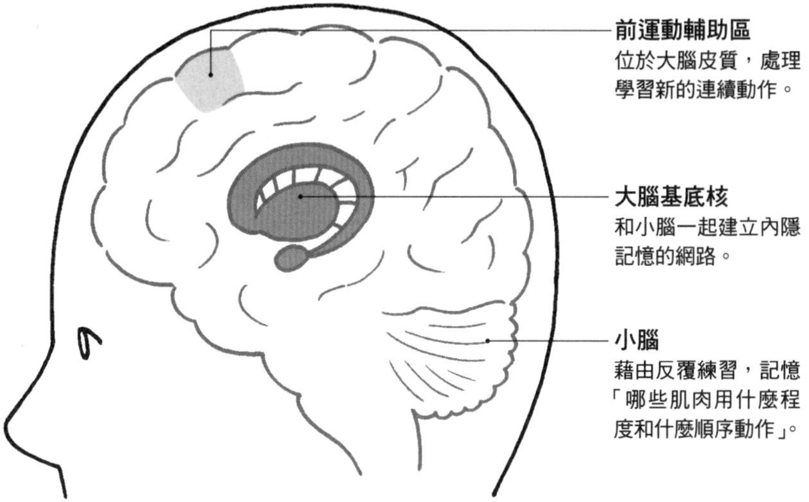
前運動輔助區
位於大腦皮質，處理學習新的連續動作。
大腦基底核
和小腦一起建立內隱記憶的網路。
小腦
藉由反覆練習，記憶「哪些肌肉用什麼程度和什麼順序動作」。

內隱記憶發揮作用的例子
好幾年沒騎腳踏車，但還是會騎。
覺得比當初學的時候寫得更漂亮。

換句話說，稍微練一下就能表現完美的運動高手，是內隱記憶的網路和身體合作無間囉？

是啊！另外，也有可能是模仿別人行為的鏡像神經元，以及協調肌肉細部動作的小腦功能比較發達。

運用情節來記憶

體驗過的事情特別難忘

何時？何地？何事？

長期記憶中能以語言陳述的記憶，稱爲「宣告（陳述性）記憶」，當中又細分爲「語意記憶」與「情節記憶」。

語意記憶是透過書籍或上課所獲得的知識。很會背書或是記憶力很強，指的便是這種記憶。然而語意記憶不反覆去記的話便可能遺忘，缺乏回想的契機就很難想起來。

另一方面，情節記憶指的則是體驗。體驗成爲回憶，腦部會連同體驗的時間訊息（何時）、空間訊息（何地）、以及體驗時的情緒一併記憶，因此能像說故事一樣回想起來。

把語意記憶轉換為情節記憶

情節記憶比語意記憶記得久，也容易回想。反覆回想還能活化記憶痕跡（※1），成爲印象深刻的情節記憶。

然而伴隨情節儲存於腦部的記憶，也可能隨著時間過去而逐漸失去獨特性和時間點，不知不覺成爲語意記憶。時間久了，這種記憶也會自然而然遭到遺忘。

相反的，原本是靠默背記得的語意記憶，也可能因爲加上體驗或情感，成爲情節記憶，不僅不易遺忘，還成爲隨時都能從腦海中取出使用的記憶。

※1【記憶痕跡】烙印了記憶痕跡的神經細胞稱為「記憶痕跡細胞」，而這種細胞群就稱為「記憶痕跡」。

宣告（陳述性）記憶

宣告（陳述性）記憶是能以語言或圖形陳述的記憶。
體驗方面的記憶是以情節記憶儲存於腦部，
透過學習得到的知識則是以語意記憶儲存於腦部。

處理「宣告（陳述性）記憶」的部位

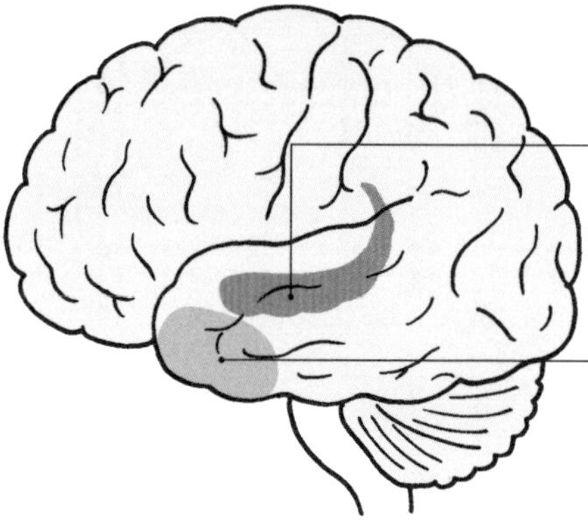

海馬迴
情節記憶傳送至海馬迴儲存。

顳葉內側
處理語意記憶。

情節記憶和語意記憶

情節記憶
關於個人體驗的記憶

語意記憶
把客觀的事實當作知識記起來。

念書
answer
背英文單字、年號或歷史上發生的大事。
believe
1600年
關之原之戰
夏威夷州
首府：歐胡島檀香山市
是美利堅合眾國的五十州當中，最後加入的一州。
富士山
體驗
冬天登頂富士山，
看到美麗的日出。

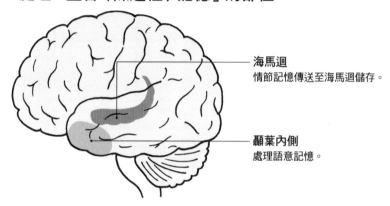

用腦細胞記憶位置

腦細胞能夠在腦中描繪地圖

腦部具備認識空間的部位

美國心理學家愛德華・托爾曼（Edward Tolman）用大鼠做實驗，發現腦部除了與視覺、聽覺相關的感覺皮質之外，還有認識空間的部位（參見左頁上方圖片）。

實驗中，研究人員先反覆訓練大鼠記憶從起點到飼料所在處的路徑，等到大鼠學會後，便安排呈放射狀的多條路徑，並把大鼠原本記憶的路徑封死。結果大鼠還是會挑選距離飼料最短的路徑走。

由此可知，大鼠不是死記由起點通往飼料的路徑，而是記住「飼料所在的方位」。

位置細胞與網格細胞

約翰・奧基夫博士（※1）調查大鼠在房間中自由來去時海馬迴的活動，結果發現經過「右邊角落」、「中央靠左」等特定位置時，部分神經細胞會格外活躍。他把這些細胞命名為「位置細胞」。不同的位置細胞在大鼠移動時會依序神經衝動，大鼠便藉由記憶神經衝動處來掌握空間。

之後又有研究發現，位於海馬迴旁邊的內嗅皮質（※2）中，存在以不同機制掌握所在地點的細胞。這些細胞不同於海馬迴中的位置細胞，是排列成格子狀，因此稱為「網格細胞」。

※1【約翰・奧基夫博士】約翰・奧基夫（John O'Keefe，一九九三～），神經科學家；與挪威科學技術大學的莫瑟夫婦因發現建構「大腦定位系統的細胞」，而獲頒二〇一四年的諾貝爾生醫獎。

※2【內嗅皮質】位於顳葉的皮質，與海馬迴相鄰；輸入海馬迴或海馬迴輸出的訊息都會經由此處。

掌握位置的腦部機制

腦部具備掌握自己所在位置的機制。
以下介紹大量存在於海馬迴的位置細胞與內嗅皮質的網格細胞，
是如何掌握關於位置的資訊。

實驗

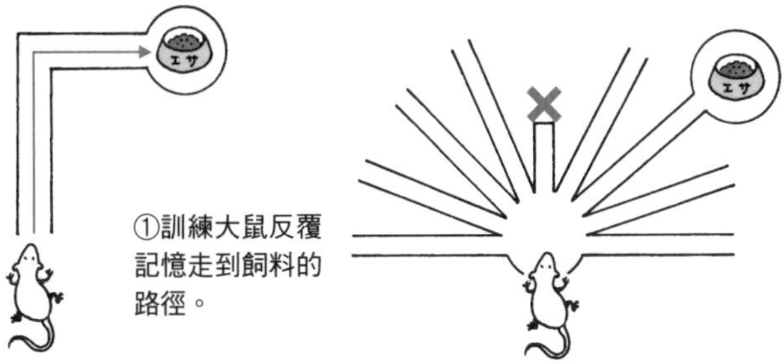

①訓練大鼠反覆記憶走到飼料的路徑。
②把大鼠記得的路徑封起來，安排放射狀的路徑，觀察大鼠會怎麼走。

結果　大鼠選擇朝向飼料方向、最接近直線的路徑去走！

＊E.C. Tolman 1948

位置細胞與網格細胞

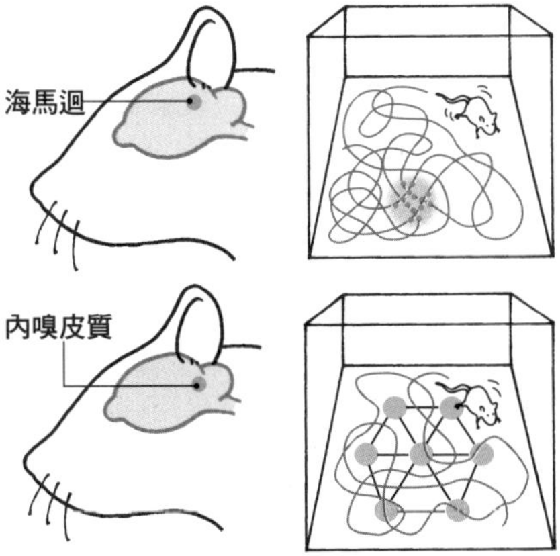

海馬迴
內嗅皮質

位置細胞
海馬迴中有大量位置細胞，大鼠經過空間中特定地點時，腦中不同的位置細胞會有反應。

網格細胞
位於內嗅皮質的細胞，全部排成等邊三角形的格子狀。形成格子狀的多個細胞會感應距離，掌握空間。

藉由網格細胞獲得的位置資訊，會傳送到海馬迴中的位置細胞，鎖定目前所在的位置。所以可以說，海馬迴中有呈現空間的「地圖」。

＊O'Keefe, J. et al Brain Res. 1971／Fyhn, M et al Science 2004

伴隨情感的記憶

大腦會連同好惡一併記憶

情感越深刻就越難忘

在特定情況下反覆體驗快樂與厭惡，腦部會連同周遭的環境，一併記憶當時的體驗。這樣一來日後發生相同的情況時，腦部就能夠預測會發生什麼事，加以因應。

其中，又以恐怖體驗的記憶最爲深刻。這是人類的本能使然，這樣下次遇到相同的危險時才能夠迴避。

判斷愉快與否的，是位於大腦邊緣系統下方的杏仁核（※1）。杏仁核判斷好惡後，便會打開其中的內嗅溝，以便將訊息傳送至海馬迴。事件越是撼動心靈，越容易烙印於我們的腦海中。

興奮與期待會提升記憶力

杏仁核和辨識空間的位置細胞關係緊密，因此產生「害怕所以討厭」與「開心所以喜歡」的情緒時，對於當時所在地發生的事，記憶也會更加深刻。

另外海馬迴會產生γ波（※2）和θ波（※3）。這兩種腦波所形成的節奏和細胞活動同步時，也能增強記憶力。

有研究指出，感興趣或好奇時所產生的θ波越是強烈，記憶力會越持久。因此提升記憶力的訣竅之一，是面對任何事物都懷抱強烈的興趣，以及抱持興奮期待的心情。

※1【杏仁核】位於大腦邊緣系統下方（旁邊是海馬迴），負責判斷好惡、愉快與否等等。

※2【γ波】30～100赫茲的腦波，主要於動作時出現，與感覺、認知有關。

※3【θ波】海馬迴與內嗅皮質在動物開始行動時所出現的腦波，頻率是4～8赫茲，與記憶相關。

好惡會影響記憶

杏仁核掌管好惡，會將記憶經由海馬迴傳送至大腦皮質，
處理是否長期儲存那項記憶。

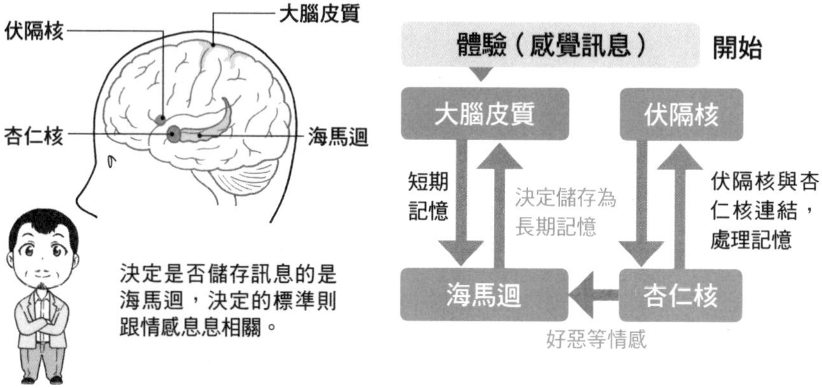
大腦皮質
伏隔核
杏仁核
海馬迴
決定是否儲存訊息的是海馬迴，決定的標準則跟情感息息相關。
體驗（感覺訊息）
開始
大腦皮質
伏隔核
短期記憶
決定儲存為長期記憶
伏隔核與杏仁核連結，處理記憶
海馬迴
杏仁核
好惡等情感

恐怖體驗為何會深深烙印在腦海中

理化學研究所約書亞．約翰森（Joshua Johansen）博士帶領研究團隊使用大鼠實驗，發現恐怖體驗之所以形成記憶，關鍵在於它會活化杏仁核中的神經細胞，並且刺激正腎上腺素分泌。

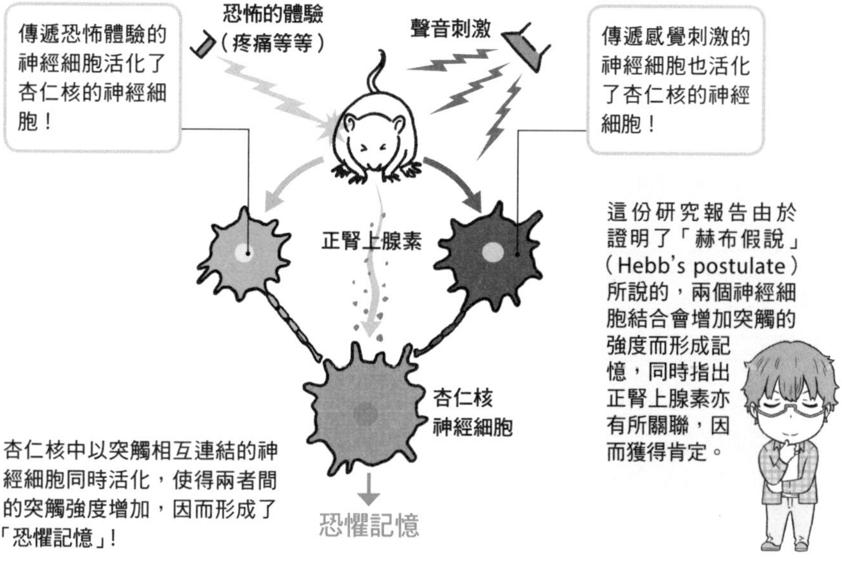
傳遞恐怖體驗的神經細胞活化了杏仁核的神經細胞！
恐怖的體驗（疼痛等等）
聲音刺激
傳遞感覺刺激的神經細胞也活化了杏仁核的神經細胞！
正腎上腺素
這份研究報告由於證明了「赫布假說」（Hebb's postulate）所說的，兩個神經細胞結合會增加突觸的強度而形成記憶，同時指出正腎上腺素亦有所關聯，因而獲得肯定。
杏仁核神經細胞
杏仁核中以突觸相互連結的神經細胞同時活化，使得兩者間的突觸強度增加，因而形成了「恐懼記憶」！
恐懼記憶

＊Joshua P. Johansen and Joseph E. LeDoux et al PNAS 2014

促發記憶

人類會配合需求改變記憶

對錯誤「視而不見」

足球、划艇、衝浪、網球、毛羽球、西洋劍……大家看到這裡，有沒有注意到有個詞錯了呢？其實我把「羽毛球」寫成「毛羽球」了。

一邊閱讀、一邊心想這些都是運動競技，你可能不會發現錯字。儘管「毛羽球」這個詞沒有意義，但由於它前面的詞彙使得大腦預測接下來的詞也是運動，因此大腦會自然把「毛羽球」轉換爲有意義的「羽毛球」——這種現象稱爲「促發效應」，促發效應所形成的記憶稱爲「促發記憶」。

成見容易導致誤會

促發記憶是過往接收的訊息所留下的記憶，在不知不覺中，影響了日後接受的記憶。促發效應是指：大腦根據記憶，判斷先前的交談與文字之後可能朝什麼方向發展。這種習性有利於快速判斷，卻也容易造成誤會與成見。

先聊水果再提到「黃色」，我們便容易聯想到「香蕉」或「鳳梨」；自己寫的文章難以發現錯字或漏字，也都是促發效應導致成見，強烈影響腦部的結果。

※1【促發效應】先前的刺激（引發物質）影響我們對於下一個刺激（目標）的反應。

促發記憶＝成見

腦部會利用原本具備的訊息（記憶）判斷與推測情況。
促發效應發揮作用可能造成誤會或成見。

日本人看不懂的字型？

ELECTROHARMONIX
A FAKE JAPANESE
MONSTROSITY

看得懂這篇好像用暗號寫成的文章嗎？對於母語是日文的讀者來說，這種字形會引起促發效應，導致看不出它寫什麼。

變換字型之後……

ELECTROHARMONIX
A fake JAPANESE MONSTROSITY

譯文
▼
原來是看似日文字的怪字形啊！

其實這是英文字型！母語是日文的人會自行「腦補」解讀成片假名，所以才看不出它是英文。

這是住在名古屋的加拿大人雷．拉瑞比（Ray Larabie6）製作的英文字型，免費公開，提供大家使用，設計靈感來自日文平假名與片假名。

＊http://typodermicfonts.com/electroharmonix/

腦部功能衰退不全然是老化的錯

有些能力會隨著年齡而提升

智能分爲「流動性智能」(※1)與「結晶性智能」(※2)。

流動性智能指的是注意力、計算、默背與智商等，考試技巧測得出來的智能，也是吸收新知的能力；結晶性智能指的則是知識、智慧、判斷與適應能力等，會伴隨經驗而逐漸累積的能力。

流動性智能一般在十八到二十五歲時發展到顚峰，結晶性智能則隨著年齡增長而逐漸成長。根據約書亞·哈松(※3)的調查，每種能力達到顚峰的年齡大相逕庭（參見左頁）。

怪罪「老化」會阻礙進步

一般認爲會隨著老化而衰退的智能，事實上可以透過訓練而成長。認爲「有心做就會」的人越容易進步；反之認爲「反正就是做不來」的人，就眞的學不會了。

實驗結果發現，上過「記憶力會隨著年齡增長而衰退」的課再做記憶力測驗，原本不受年齡影響的科目也會考差了。

由此可知，「自認做不來」這樣的偏見，會實際導致能力退步。認爲自己「能力和年齡無關，有心就辦得到」的正向思考，對腦部是有益的。

※1【流動性智能】計算、默背、處理速度與注意力等，記憶新事物加以活用的能力。

※2【結晶性智能】語言、理解、洞察、判斷與適應能力等，伴隨知識和經驗累積而形成的智能。

※3【哈松】約書亞·哈松（Joshua Hartshorne）是麻省理工學院（MIT）的認知科學學者，鑽研「老化對智能的影響」。

老化對智能的影響

麻省理工學院的認知科學學者約書亞・哈松
針對不同年齡層的實驗對象，進行各類能力測試，
發現各種能力達到顛峰的年齡層各不相同。

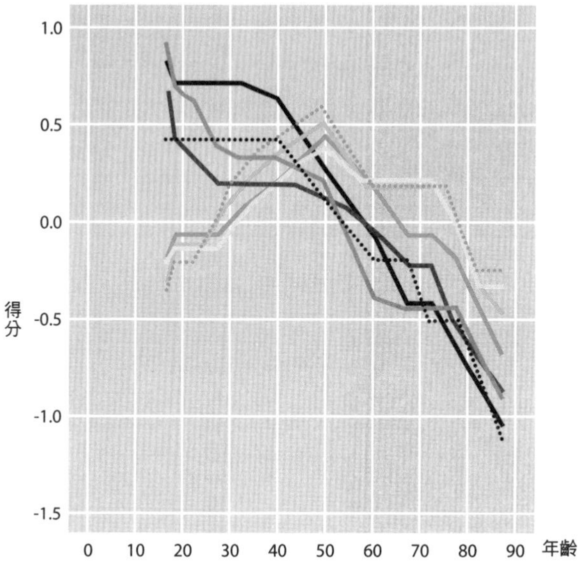

這是將流動性智能與結晶性智能分成多種項目之後，測試統計的圖表喔！

＊上圖是根據研究報告發表的圖表製作。
：Hartshorne J.K, Germine L. T. Psychol Science 2015

【流動性】計算
【結晶性】理解
【結晶性】處理訊息
【流動性】短期記憶：家人照片
【流動性】短期記憶：故事
【流動性】短期記憶：單字組
【結晶性】語彙
工作記憶：文字、數字、順序

工作記憶與短期記憶這類記憶新事物的能力，在二十多歲時達到顛峰，之後逐漸下降；屬於流動性智能的計算能力卻是在五十歲登頂！根據哈松的研究，五十歲左右是最適合學習新事物的年齡。

理解和語彙能力這些結晶性智能，果然還是隨著年齡累積，在五十多歲到達顛峰。有些能力其實是年紀越大越優秀！有網路調查結果顯示，語彙能力是六十七歲時最好喔！

記憶的方式

兒童與成人記憶方面各有所長

兒童與成人記憶的方式大相逕庭

年紀越大越不擅長默背，是由於流動性智能會隨著老化而衰退，所以可說是勉強不來的能力。

原本兒童與成人記憶的方式便有所不同，從青春期時開始轉換。兒童的腦部屬於「單純記憶型」，比成人容易記住數字或文字排列。然而青春期之後，記憶方式會轉換爲「關係緊密型」，優先記憶對自己有意義或是能接納的事情。

換句話說，人類在成長的過程中，記憶方式會由默背的語意記憶，逐漸轉換爲依序了解的情節記憶。順帶一提，目前普遍認爲智商（※1）高的人情節記憶發展比較晚，擅長默背的時間比一般人長。

我們擅長的記憶方式隨著年齡改變

前面提過記憶分爲內隱記憶、語意記憶與情節記憶等等，我們擅長的記憶方式會依年齡而有所不同。

由此可知，成人想要提升記憶的效率，比起填鴨式默背沒有意義的瑣碎訊息，應當重視事情的背景或故事，結合自己的體驗等等。

此外，內隱記憶也是兒童較爲擅長。成人學騎腳踏車比小孩花時間，正是因爲如此。

※1【智商（IQ）】智商是智能商數（Intelligence quotient）的簡稱，用於測量智能發展的程度，測量標準是精神年齡（智能年齡）與實際年齡（實歲）的差距。人類的智商測量是始於美國心理學家路易斯・麥迪遜・特曼（Lewis Madison Terman）修訂的「史丹佛－比奈智力量表」（Stanford-Binet Intelligence Scale）。精神年齡與實際年齡相同設定為一百，特曼認為智商高於一百四十的人是天才或是相當於天才。

兒童與成人的記憶方式

兒童擅長語意記憶和內隱記憶，
成人擅長情節記憶。

兒童擅長 **語意記憶**

知識、語言的意義等等依靠默背獲得的記憶。

兒童擅長 **內隱記憶**

身體藉由反覆練習所獲得的程序記憶。記得之後不容易遺忘。

成人擅長 **情節記憶**

個人的體驗伴隨當時的環境、情感等一併記憶。

儘管大人背書背不贏十歲的小孩，卻懂得如何全方位運用腦部。搭配過往的經驗與知識，以創造故事的方式記憶，便能發揮不輸給兒童的記憶力。

兒童擅長「騎腳踏車」、「彈鋼琴」等靠身體記得的內隱記憶（程序記憶）。

成人擅長結合「聚餐時很開心」等情感和體驗，加以記憶。

專欄

4

晨昏顛倒的人聰明卻不順遂？

我們經常根據起床時間、入睡時間與活動頻繁期間等，把人分為「晨間型」和「夜間型」。

這種生活時間帶的傾向可用「作息型態」(Chronotype)(*1)這種指數來表示：睡眠的中央時間在凌晨三點到五點的人是「午型」，早於這段時間的人是「晨型」，晚於這段時間的人則是「夜型」。睡眠中央時間是以不用工作或上學日的「入睡時間＋平均睡眠時間 ÷2」。例如「入睡時間是晚上十點，平均睡眠時間是八小時」，「晚上十點＋八小時 ÷2」＝「睡眠中央時間是凌晨二點」，表示這個人屬於「晨型」。

目前普遍認為作息型態深受生理時鐘影響，以雙胞胎進行研究時發現，作息型態有五成受到基因影響。

許多考生習慣把作息型態轉換為晨型，然而根據馬德里康普頓斯大學(Universidad Complutense de Madrid)針對一千名十多歲年輕人所做的研究調查(*2)，相較於早睡早起的人，晚睡晚起的人整體的智能、創造力、高薪等相關智能指標與歸納推理能力，比較突出。另一方面，晨型人的學業成績表現比夜型人優秀的比率為百分之八。這應該是因為學校生活屬於晨型。

因此科學家彙整的調查結果是：夜型人雖然聰明，課業表現卻不盡人意，所以不是很順遂(*3)。凡事不見得是晨型人好，重視夜型人也是活用社會資源的方法之一。實際上也有研究指出，延後高中上課時間，學生的課業成績便進步了。

(*1) 慕尼黑作息型態問卷 (https://mctq.jp/)
(*2) INDEPENDENT on line
(*3) Biss RK, Hasher L. Emotion. 2012

第4章

腦與疾病

失智症、憂鬱症、創傷後壓力症候群或是發展障礙等，
是腦部功能出問題所導致的疾病。
目前科學家仍舊孜孜不倦的研究這些疾病的起因與治療方式，
這一章要跟大家介紹各類疾病的基本知識，
以及最新的研究進展。

是心生病了？
還是腦生病了？

拜託！幫我代班啦～～
代班一下下也可以！
店裡人手不足，忙不過來！
你是在家庭餐廳打工？
是啊！
我記得你在餐廳打過工對吧！
高中時期打過……
你一定沒問題的啦！
好啦好啦！我幫你！
反
也想買新電腦…
謝謝你！
歡迎光臨！
啊！

你來幫忙啦！
請問您決定好要點什麼了嗎？
飲料喝到飽兩人份，還有一份鬆餅。
是這樣吧？鬍子老師。
對、對！
好的，我明白了~~~
叮咚
歡迎光臨！
老婆婆是來這兒等人嗎？
您決定好要點什麼了嗎？
給我蜜豆冰。
您吃蜜豆冰要不要搭配飲料喝到飽呢？

沉——默
只要一碗蜜豆冰就好嗎？我明白了。
我先退下了
叮咚 叮咚
是！您需要什麼嗎？
我要蜜豆冰。
您要加點一份蜜豆冰？
好的，我明白了！
叮咚
您還需要什麼呢？
給我蜜豆冰。
咦？
第三碗？
之前點的那兩碗，都還沒吃呢。
呃……請問您……是還要加點蜜豆冰嗎？

……我……
明白了……
叮咚
該不會……
還要點蜜豆冰？
這位客人……
呃……您剛剛點的蜜豆冰都還沒吃呢……
給我蜜豆冰。
媽媽！
噠噠 噠噠
你又點一堆蜜豆冰了！
我又還沒吃到。
給我蜜豆冰。
不要再點了！
真的非常抱歉，對不起……
不會不會。
我婆婆因為失智，變得愈來愈健忘，而且常在外頭遊蕩……
我照顧到都要跟著生病了……

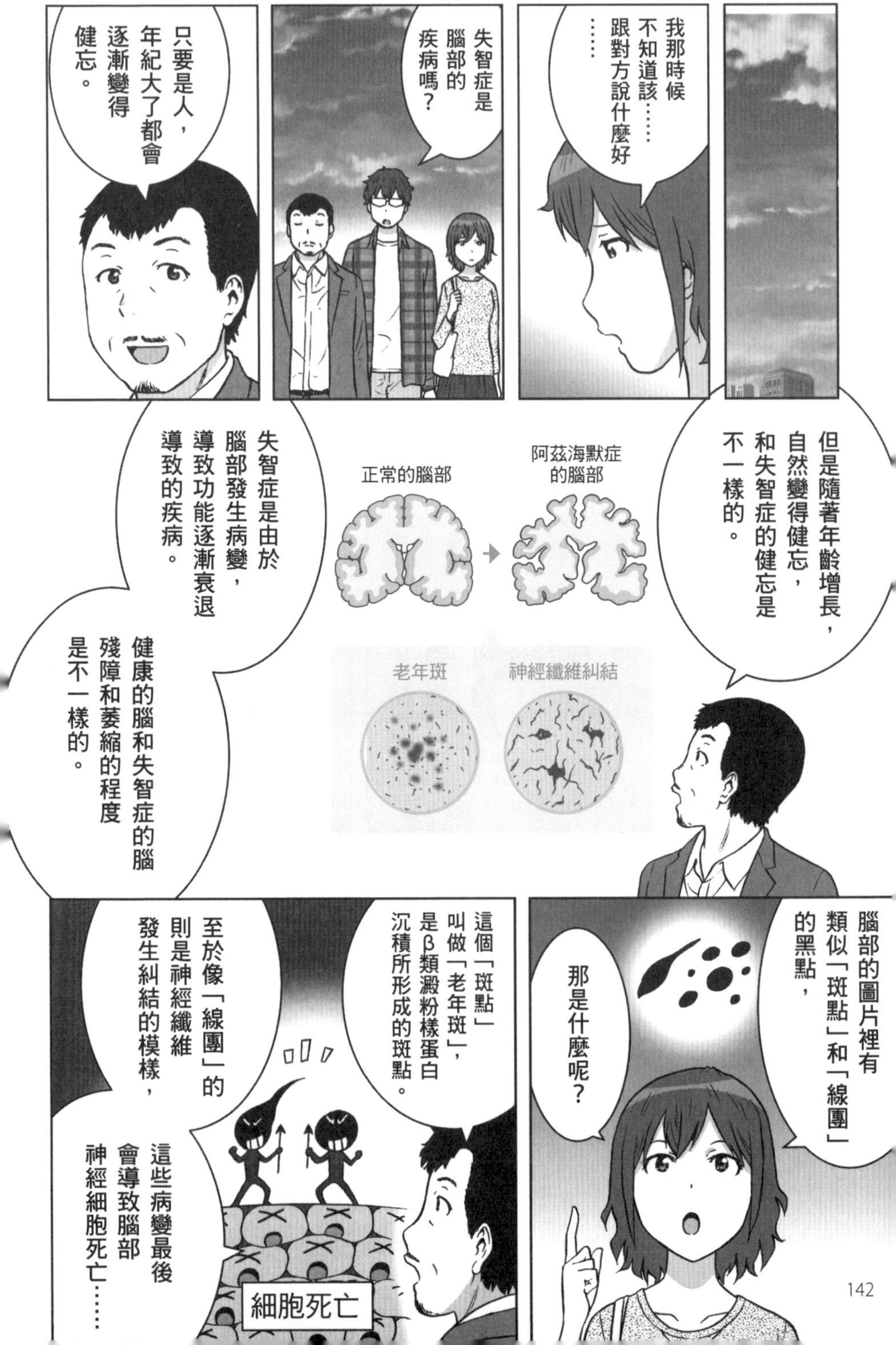
我那時候不知道該……跟對方說什麼好……
失智症是腦部的疾病嗎？
只要是人，年紀大了都會逐漸變得健忘。
但是隨著年齡增長，自然變得健忘，和失智症的健忘是不一樣的。
阿茲海默症的腦部
正常的腦部
失智症是由於腦部發生病變，導致功能逐漸衰退導致的疾病。
健康的腦和失智症的腦殘障和萎縮的程度是不一樣的。
神經纖維糾結
老年斑
腦部的圖片裡有類似「斑點」和「線團」的黑點，
那是什麼呢？
這個「斑點」叫做「老年斑」，是β類澱粉樣蛋白沉積所形成的斑點。
至於像「線團」的則是神經纖維發生糾結的模樣，
這些病變最後會導致腦部神經細胞死亡……
細胞死亡

研究結果認為，是這兩種東西沉積在腦部，造成阿茲海默症的。
老年斑……神經纖維糾結……
我的腦子以後也會那樣嗎？
研究結果發現，抑制β類澱粉樣蛋白沉積的話，應該可以
有效預防失智症發病。
真的嗎？
要養成有效防止累積的生活習慣喲……
不抽菸，維持適當的體重和正常的血壓。
適度運動，而且飲食要健康才行。
那我現在就開始預防！
用心預防是好事。
還有，憂鬱症、創傷後壓力症候群、飲食失調等疾病，也都跟腦有關。
咦？它們都是腦部疾病嗎？我還以為是心靈生病了……
所以懂得正確的腦科學，不只重要，而且很有用喔！

腦部逐漸萎縮的疾病
阿茲海默症

失智症不同於老化造成的健忘

失智症是由於腦部出現障礙而導致功能逐漸低下，和老化造成的健忘成因不同。

診斷失智症是透過問診了解健康狀態、生活能力、人格變化、記憶能力、計算能力與語言能力等等，以及進行血液、尿液、電腦斷層與磁振造影（※1）檢查。另外，排除掉因常壓性水腦症（※2）和甲狀腺功能低下症（※3）等疾病造成的失智，也是診斷病人是否罹患阿茲海默症的重要步驟。

然而實際上，並未釐清究竟是阿茲海默症或其他貌似失智症的疾病，便貿然開始治療的情形，在日本時有所聞。

β類澱粉樣蛋白沉積導致腦部異常

目前阿茲海默症僅能依靠死後解剖來確診，然而研究人員現在開始嘗試以生物學指標定義，作爲指標的對象是β類澱粉樣蛋白。

β類澱粉樣蛋白是腦部活動時產生的廢物，會沉積在腦中形成老年斑。除此之外，神經細胞中也能看到Tau蛋白（※4）凝結而成的神經纖維糾結（neurofibrillary tangles）。但是最近出現了有老年斑但認知功能並未低下的案例，因此這項假說或許有誤。

※1【電腦斷層攝影（CT）、磁振造影（MRI）】電腦斷層攝影是以X光拍攝身體斷層，磁振造影則是利用強大的磁力與電磁波來描繪體內的斷層影像。

※2【常壓性水腦症】腦脊髓液積聚造成腦室擴大，壓迫腦部所引發的疾病，是失智症的原因之一，可藉由外科手術治療。

※3【甲狀腺功能低下症】甲狀腺功能低下導致甲狀腺素分泌不足所引發的疾病，是失智症原因之一，可藉由補充甲狀腺素改善。

※4【Tau蛋白】存在於腦神經細胞中，會造成神經細胞死亡。

阿茲海默症的腦

腦部無法排出β類澱粉樣蛋白，
β類澱粉樣蛋白不斷沉積後，導致腦部細胞逐漸死亡，
最後引發阿茲海默症發病。

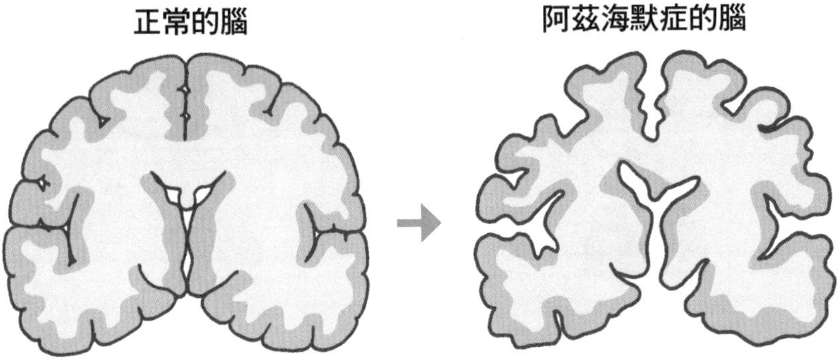

神經細胞逐漸死亡，腦部開始萎縮。
腦部是從海馬迴開始萎縮，最後擴大到整個大腦皮質。

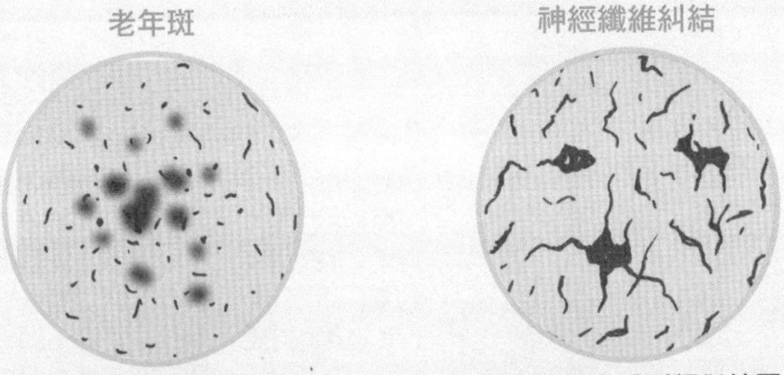

從腦神經外側看到類似斑點的β類澱粉樣蛋白。

從腦神經中看到類似線團的神經纖維糾結。

β類澱粉樣蛋白沉積而成老年斑，
由Tau蛋白凝結而成的神經纖維開始糾結。

β類澱粉樣蛋白是腦部活動產生的廢物，
早在發病前二十年就開始沉積了。

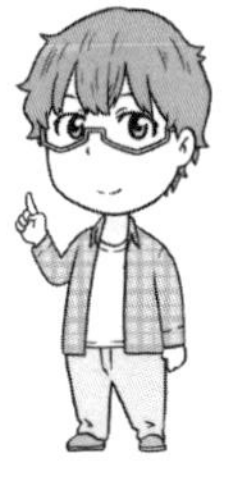

失智症引發的健忘

忘記自己吃過早餐。

單純的健忘

記得吃過早餐，只是忘記吃了什麼。

醫生診斷是否罹患失智症，是透過篩選測試與血液、尿液、腦部影像檢查等等，排除罹病可能性的檢查來判斷。

β類澱粉樣蛋白沉積是可以預防的

β類澱粉樣蛋白是腦中所製造的蛋白質，約莫由四十個胺基酸所組成，人體可以自行分解。目前的研究尚未釐清β類澱粉樣蛋白究竟爲什麼會沉積在腦中，一般認爲是隨著年齡增長而逐漸難以順利代謝導致的。

科學家以大鼠實驗發現，脂肪含量高的飲食會促使β類澱粉樣蛋白沉積，低卡路里的飲食、有氧運動和迷宮任務等，則能有效抑制β類澱粉樣蛋白沉積。

由此可知，只要注意飲食、認眞運動、持續學習新事物，便能在一定程度上抑制β類澱粉樣蛋白沉積。部分研究報告還指出，罹患阿茲海默症的小鼠曝曬在以一定頻率（40Hz）閃爍的光線下，腦中的β類澱粉樣蛋白也會逐漸減少（※2）。相同的預防方式應該也能運用在人類身上。

＊ Anne Trafton MIT News Office 2016

有效預防失智症的生活習慣

流行病學研究已經證明，無論年紀多大，
只要持續思考、運動，過著健康的生活，
便能有效保護腦部，預防失智症。

☑ 定期運動

- 快走一年（一週三次，一次四十分鐘）
  原本萎縮1～2%的海馬迴增加了2%。
- 走路等有氧運動（一週三次，一次五十分鐘）
  改善認知功能。
- 雙重任務（dual-task，同時運動和動腦）、平衡運動等等，也有類似效果。

☑ 健康的飲食生活

- 地中海飲食：攝取大量橄欖油、堅果、魚類、番茄、雞肉、花椰菜等蔬菜、水果與深綠色葉菜類，減少脂肪含量多的食品、紅肉、內臟與奶油。
  有效預防70～73歲的長者半數腦萎縮。
- 日本料理
  針對65歲以上的長者所做的流行病學調查發現，日式料理降低了失智症發病的風險。

鬍子老師**小教室**

海馬迴的神經細胞還會再生嗎？

二十世紀末以來，人類的海馬迴會長出新的神經細胞已經成為常識，然而這項常識最近引發了爭論。

加州大學舊金山分校的研究發現，「人類海馬迴的神經細胞再生速度，在兒童時期便快速下降，成年後則是下降到無法觀察的程度」。過去的研究是藉由識別動物新生神經細胞的蛋白質，來檢驗人類哪些神經細胞已失去功能或不成熟。該蛋白質用在人類身上無法產生相同反應，因此得出的結果或許是錯誤的。另一方面，美國哥倫比亞大學有研究團隊解剖了28名14歲至79歲猝死的男女，發現他們大腦海馬迴中的中間前驅細胞與未成熟的神經細胞數量幾乎相同，海馬迴的容量也與年齡沒有關係。

＊加州大學的研究：Alvarez-Buylla A.et al Nature 2018
＊哥倫比亞大學的研究：Mann JJ. et al Cell Stem Cell 2018

既是精神疾病，也是腦部障礙 憂鬱症

腦部神經傳導物質的濃度下降

持續整天心情沮喪、失眠、沒有食慾、覺得身體沉重、做什麼事都不開心的情況，可能是罹患了憂鬱症。近年來，憂鬱症患者急速增加，有調查發現，日本每一百人當中，就有三到七人罹患憂鬱症。

一般人容易以爲憂鬱症是心理疾病，其實它也可能是腦部功能衰退所引發的障礙。雖然目前仍不清楚原因，但是人類身心承受壓力時，會促使腦中涉及情緒的神經傳導物質（血清素和正腎上腺素）的濃度下降，進而引發憂鬱症。

以磁力刺激，促進腦部活化

憂鬱症普遍的治療方式是服藥，例如抗憂鬱症的選擇性血清素回收抑制劑（※1）或正腎上腺素與血清回收抑制劑（※2）。這些藥物的作用，是增加腦中的血清素與正腎上腺素，紓解憂鬱的心情。

日本最近也批准使用跨顱磁刺激治療儀來治療憂鬱症。這種儀器是透過在腦部安裝磁圈，以磁力刺激背外側左前額葉皮質來活化腦部，藉以減輕或消除症狀。

※1【選擇性血清素回收抑制劑（SSRI）】抑制身體回收（再吸收）釋放的神經傳導物質血清素，以增加腦內的血清素含量。

※2【正腎上腺素與血清回收抑制劑（SNRI）】抑制身體回收（再吸收）釋放的神經傳導物質正腎上腺素與血清素，以增加腦中的正腎上腺素與血清素含量。

※3【跨顱磁刺激治療儀（TMS）】美國食品藥物管理局二〇〇八年批准的醫療器材，可用於減輕或消除憂鬱症症狀。

罹患憂鬱症的機制

憂鬱症會造成長期或反覆心情低落、身體不適。
造成憂鬱症的原因之一，是腦部的神經傳導物質減少，
無法正常發揮作用。

神經傳導物質的濃度下降

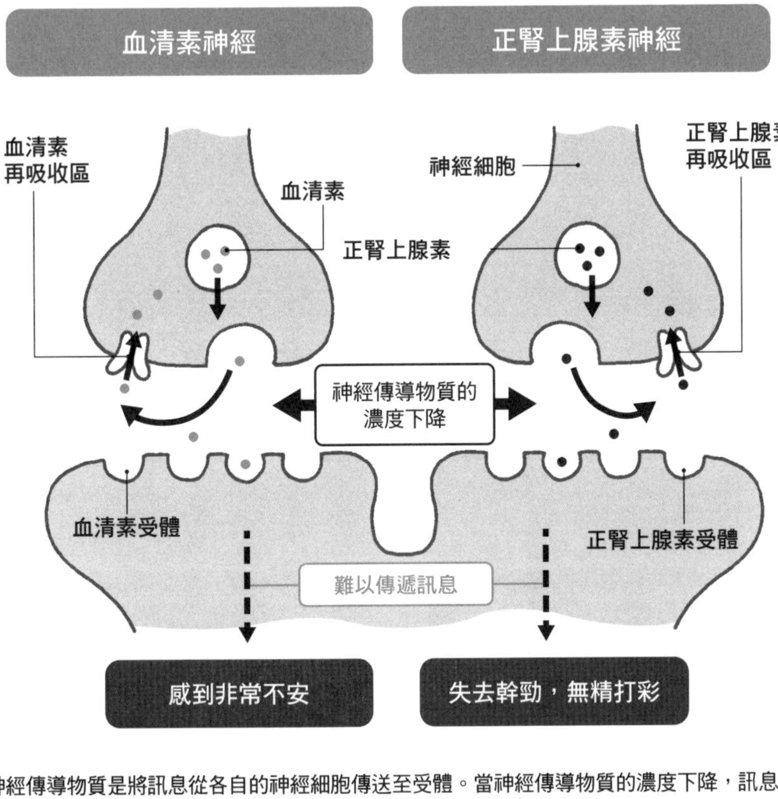

神經傳導物質是將訊息從各自的神經細胞傳送至受體。當神經傳導物質的濃度下降，訊息便難以傳遞，身體會因而出現各種不適的症狀。

血清素濃度下降的話，
會使人感覺非常不安，
正腎上腺素濃度下降則
會使人喪失幹勁，顯得
無精打彩。

神經細胞中有個部位是
用來回收體內分泌的神
經傳導物質。抗憂鬱藥
的作用就是鎖住這些再
吸收區，好提高神經傳
導物質在體內的濃度。

睡眠節奏大亂

睡眠障礙（猝睡症）

缺乏下視丘分泌素便會打瞌睡

睡眠障礙不僅是失眠和嗜睡，舉凡睡眠節奏混亂等各類與睡眠相關的疾病，都屬於睡眠障礙。這一節要利用清醒時會突然睡著的猝睡症，來說明睡眠的機制。

人類的腦在睡眠時休息，起床後進入清醒的狀態從事活動。位於下視丘的睡眠中樞與清醒中樞會相互抑制，促使腦部能順利切換。人類清醒或想睡，便是受到這兩個中樞的活動影響。身體適當分泌神經傳導物質「下視丘分泌素（※1）」，人類才能維持清醒的狀態。因此下視丘分泌素在此扮演了重要的角色。

睡意的開關是腦中的蛋白質

猝睡症的症狀就好像清醒時突然被按下「睡眠開關」，它的起因是缺乏下視丘分泌素，研究發現，補充下視丘分泌素就能改善猝睡症的症狀。

此外，日本筑波大學的柳澤正史教授（※2）以小鼠實驗，發現促使腦中八十種蛋白質活化的「磷酸化」增強，人類就會想入睡。入睡時，磷酸化狀態便會沉靜下來。

科學家將這些蛋白質命名為「SNIPPs」，認為它是造成睡意的原因。這項發現有助於提升睡眠品質和治療失眠等睡眠障礙（＊）。

※1【下視丘分泌素】
下視丘的神經細胞所製造的一種胺基酸，作用在於長保清醒。

※2【柳澤正史教授】
柳澤正史教授為世界級的睡眠科學權威，他主持日本研究睡眠基礎科學的重要單位「筑波大學國際綜合睡眠醫科學研究機構」(WPI-IIIS)。

＊發現睡意的真相
：Masashi Yanagisawa et al Nature 2018

※3【組織胺】
一種胺基酸，由組胺酸合成，平常是以惰性狀態存在，會因為受傷或藥物而活化，是過敏的原因。

清醒時與入睡時的神經迴路

製造下視丘分泌素的神經細胞位於下視丘後方，
和製造組織胺的神經細胞一起發揮作用，
促使人保持清醒。

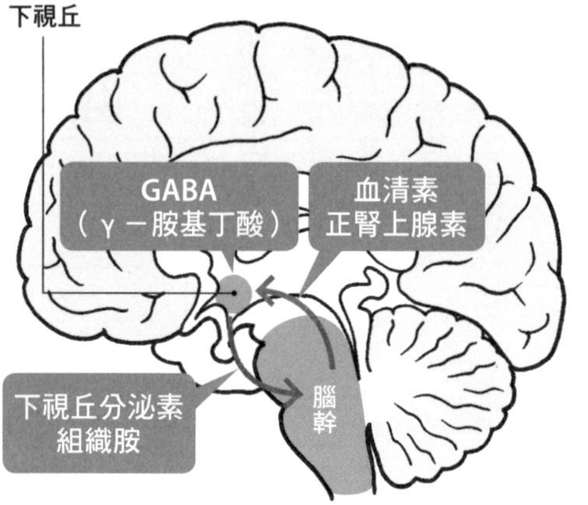
下視丘
GABA
（γ－胺基丁酸）
血清素
正腎上腺素
下視丘分泌素
組織胺
腦幹

下視丘後方是清醒中樞和睡眠中樞。

γ-胺基丁酸（GABA）是一種胺基酸，具備抑制性，換句話說是具備鎮靜神經細胞作用的神經傳導物質。睡眠和清醒中樞中都具備多個製造GABA的神經細胞。

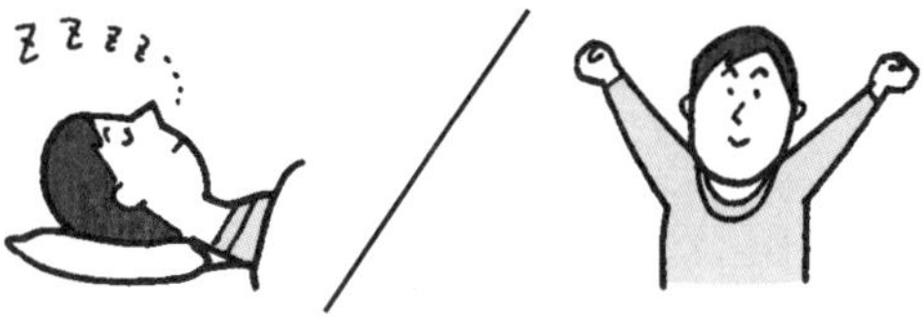
Z Z Z Z z

入睡時	清醒時
睡眠中樞活化，抑制促使清醒的下視丘分泌素和組織胺。	清醒中樞活化，產生下視丘分泌素與組織胺（※3）。
▼	▼
同時抑制腦幹的清醒物質正腎上腺素和血清素。	腦幹中的正腎上腺素和血清素也活化。
▼	▼
維持睡眠狀態！	**保持清醒狀態！**

＊筑波大學（WPI-IIIS）等團隊共同使用小鼠實驗的結果，套用在人類身上所繪製的插畫。
:Yuki Saito and Takeshi Sakurai et al The Journal of Neuroscience 2018

恐懼記憶反覆重現

創傷後壓力症候群

牽涉到恐懼的神經迴路相關部位出了問題

創傷後壓力症候群（PTSD）是由於強烈的恐懼記憶造成心理陰影，導致患者會不經意想起這些記憶，陷入恐慌，影響日常生活。

研究發現，ＰＴＳＤ患者大腦中與恐懼的神經迴路相關的部位，例如杏仁核、大腦新皮質與海馬迴等，出現了功能障礙或萎縮。

造成心理陰影的體驗會刺激杏仁核，使得身心出現迴避類似情況的行爲。要是大腦皮質和海馬迴正常運作，恐懼記憶會逐漸弱化，最後完全消失。然而倘若這些部位的功能衰退，弱化恐懼的系統便無法發揮正常作用，會導致患者因爲一點小事就回想起恐懼記憶，引發「瞬間重歷其境」（※1）。

童年時遭受體罰與言語暴力，也會損及腦部？

虐待和體罰也是引發創傷後壓力症候群的主因。福井大學友田明美教授（※2）以磁振造影分析童年時遭到虐待或體罰，身心持續承受壓力的成年男女腦部，發現他們的腦部有萎縮或變形。研究對象的前額葉皮質體積平均縮小19・1％，右前扣帶迴縮小16・9％，背外側左前額葉皮質縮小14・5％。這些部位的功能依序是：負責控制情感與思考；與注意力、做決定、共鳴有關；與認知事物有關。

※1【瞬間重歷其境】創傷經驗再度湧現，這是創傷後壓力症候群的主要症狀之一。

※2【友田明美教授】福井大學兒童心理發展研究中心發展協助研究部門的教授，也是這間大學附屬醫院的小兒科醫師，專長是關於兒童發展的診療、研究與教育，發表多篇主題為「虐兒與腦部發展」的論文。

：Tomoda A. et al PLOS ONE 2012, Tomoda A. et al Neuroimage 2009

留下恐懼記憶的原理

恐懼記憶給人的印象過於深刻，會形成心理陰影。
腦部無法正常運作去消除恐懼記憶，
是引發創傷後壓力症候群的主因之一。

①持續電擊與播放聲音

使小鼠形成恐懼記憶！

持續用會引發恐懼的微弱電流電擊大鼠，並且播放不會引發恐懼的聲音，久而久之，小鼠光是聽到聲音就會產生恐懼反應。

罹患創傷後壓力症候群的關鍵，在於杏仁核、大腦新皮質與海馬迴的功能是否正常運作。

②僅持續播放聲音

腦部功能正常

由於小鼠並不怕聲音，恐懼記憶便消除了！

反覆播放聲音給腦部功能正常的小鼠聽，小鼠的恐懼記憶依舊逐漸消失，不會出現恐懼反應。

腦部功能有問題

令小鼠害怕的明明不是聲音，但每當聲音響起，小鼠仍然恐懼起來！

腦部功能有問題的小鼠無法消除恐懼記憶，因此每當聽到聲音，都會產生恐懼反應！

▼

這種狀態就是創傷後壓力症候群！

控制食欲的機制出了問題
飲食障礙（暴食症與厭食症）

無法控制食慾

飲食障礙分爲神經性厭食症與神經性暴食症，患者多半是青春期的少女，或是年輕的成年女性。這幾年來，這類患者急速增加。

神經性厭食症患者通常是強烈渴望瘦身或害怕肥胖，因而逐漸減少進食，這會導致體重大幅減輕，從而產生併發症，使得身心狀態都逐漸惡化，這就是廣爲人知的「厭食症」。神經性暴食症則是無法控制食欲，會在短時間內吃下大量食物後又吐出來，患者還會因爲後悔吃太多而出現憂鬱症等症狀，一般稱之爲「暴食症」。有些患者會從厭食症，轉變爲暴食症。

血清素減少也會影響飲食中樞

飲食障礙會導致攝取的食物變少，血清素隨之減少，調節食欲等功能的進食中樞（※1）出現問題。患者的飲食狀況會更加惡化，陷入「不吃↓吃不下↓吃了就停不下來」的惡性循環。另外，由於壓力會促進皮質醇分泌，因此憂鬱症患者身上會看到一樣的情況。有不少患者罹患飲食障礙併發憂鬱症。

研究人員觀察飲食障礙的患者腦部，發現他們的腦部由於長期營養不良而萎縮。腦部萎縮不僅會導致記憶力與思考能力變差，連人格都會發生變化。

※1【進食中樞】位於下視丘的外側核，控制進食。進食中樞與促進食欲有關，因此又稱為「餓覺中樞」。

食慾究竟是怎麼回事？

食慾由瘦素和飢餓素等荷爾蒙控制。
瘦素會刺激飽足中樞，抑制食欲；
飢餓素則會刺激進食中樞，增進食欲。

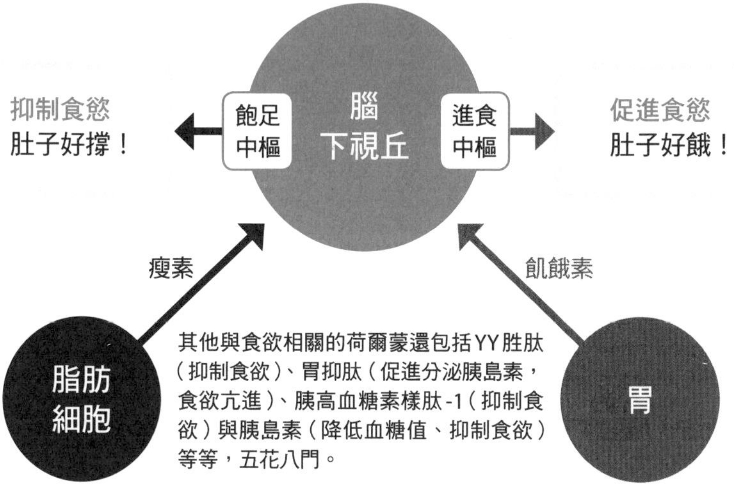
抑制食慾
肚子好撐！
飽足中樞
腦
下視丘
進食中樞
促進食慾
肚子好餓！
瘦素
飢餓素
脂肪細胞
胃
其他與食欲相關的荷爾蒙還包括YY胜肽（抑制食欲）、胃抑肽（促進分泌胰島素，食欲亢進）、胰高血糖素樣肽-1（抑制食欲）與胰島素（降低血糖值、抑制食欲）等等，五花八門。

瘦素
（刺激位於下視丘的飽足中樞）

抑制食慾的荷爾蒙，由脂肪細胞分泌。傳遞至腦部可以抑制食欲，還能促進消耗能量。體脂肪多的人會產生瘦素阻抗性，使瘦素受體不再發揮作用。

飢餓素
（刺激位於下視丘的進食中樞）

促進食欲的荷爾蒙，空腹時多由胃部分泌。傳遞至腦部會引發「想吃」、「肚子餓了」等欲望。分泌過多會無法抑制食欲。

厭食症或暴食症都是因為進食調節機制（飽足中樞與進食中樞）無法正常發揮作用所引起的！

嗯，進食調節機制無法正常發揮作用，多半是因為壓力、期盼瘦身，以及青春期渴望獨立又害怕的矛盾心態等等。

不擅社交的發展障礙
自閉症譜系障礙

腦部過度成長也是原因之一

自閉症譜系障礙是根據「社交活動」、「偏限的、重複的行爲」的程度，而非有無該行爲來判斷。

障礙起因至今仍舊不明，一說是先天性腦部功能障礙，一說是遺傳基因導致（遺傳率百分之37到90）。這一節要介紹「腦部在成長早期階段過度成長」的假說。

美國猶他大學（University of Utah）研究人員珍妮特・萊恩哈特（Janet Lainhart）等人，於二〇〇一年時研究因爲意外而過世的自閉症譜系障礙兒童的腦部，發現他們的神經細胞比同齡的兒童多，頭部也較重（*）。

*美國猶他大學研究人員珍妮特・萊恩哈特等人的報告：Janet Lainhart et al JAMA 2011

生病是因為突觸修剪有誤？

人類的腦部是在胎兒期製造神經細胞，二歲以前形成突觸。之後會逐漸改善腦部功能，增強需要的突觸，消除多餘的突觸，這種過程稱爲「突觸修剪」，藉此打造適應社會的腦。

然而自閉症患者的腦可能是因爲突觸修剪較少而變大，額葉和顳葉等處和常人的差距尤爲明顯。

※1【突觸修剪】出生沒多久的動物腦中存在大量突觸，之後隨著成長發展逐漸淘汰。突觸逐漸遭到淘汰，形成功能性神經迴路的過程，就稱為「突觸修剪」。

※2【浦金埃氏細胞（purkinje cell）】位於小腦的大型神經細胞，是小腦皮質中唯一負責輸出訊息的細胞。

突觸修剪的原理

突觸修剪是神經細胞在形成突觸的過程中所出現的現象。
以下介紹運用小腦的浦金埃氏細胞（※2）釐清的修剪機制。

1

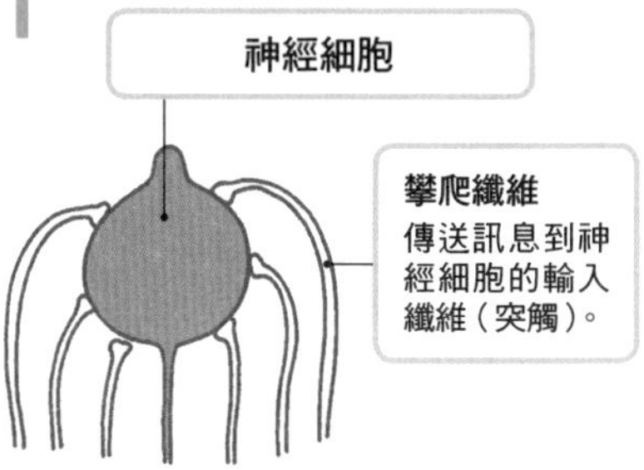

動物剛出生時的神經細胞，由脆弱的攀爬纖維形成突觸，共有五根以上。

2

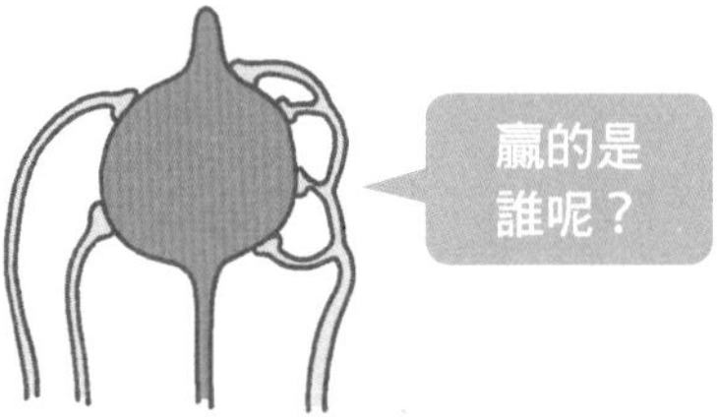

細胞體開始篩選強大的攀爬纖維（贏家）和脆弱的攀爬纖維（輸家）。

3

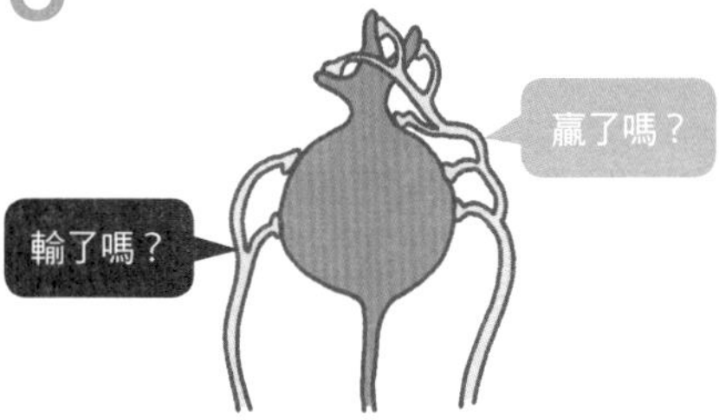

只有贏家的攀爬纖維能朝樹突移動，其他纖維則停留於細胞體，出生十五天之內消除。

4

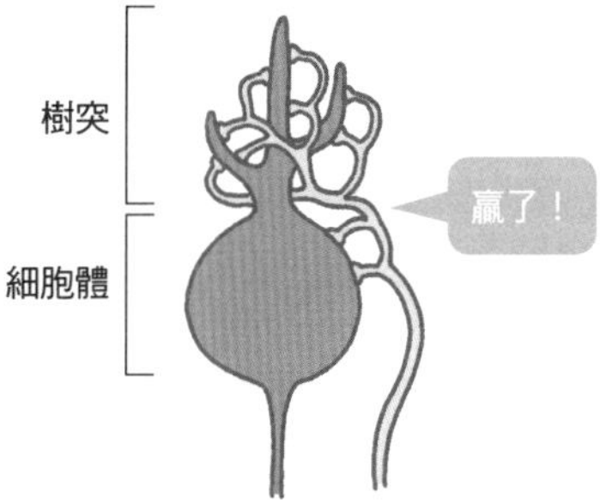

僅有一根攀爬纖維成熟並生存了下來！接下來它負責讓運動順暢。

自閉症患者經常有感覺過敏或聯覺的症狀，這應該是因為他們的突觸並沒有修剪得很徹底的關係。

＊參考：Masanobu Kano et al Neuron 2009

多巴胺減少造成運動障礙
帕金森氏症

多巴胺減少導致發病

根據日本厚生勞動省於二〇一四年統計的結果，日本全國的帕金森氏症患者約十六萬人，且有逐年增加的傾向。在神經退化型疾病中，最多的是阿茲海默症患者，帕金森氏症患者居次。帕金森氏症的特徵是手腳動作逐漸遲緩，肌肉逐漸僵硬；年紀越大越容易發病。

現在普遍認爲，帕金森氏症發病是由於腦內的多巴胺減少。有研究發現，多巴胺神經退化導致帕金森氏症患者的黑質（※1）剝落，異常的蛋白質因而沉積於此。多巴胺不足也會導致調節運動的指令無法順利傳送至全身，運動功能於是出現障礙。

人工誘導性多功能幹細胞，讓治療露出曙光

目前醫界尚未釐清多巴胺減少的原因，因此無法預防帕金森氏症，治療方式也僅限於對症下藥、抑制症狀，無法根治。

然而隨著各界陸續進行相關研究，日本的京都大學在二〇一八年使用人工誘導性多功能幹細胞（※2），製造出會分泌多巴胺的神經細胞。新聞報導指出，這項研究成果已經用於移植神經細胞到帕金森氏症患者腦部的臨床實驗，這則報導使得衆人對於利用神經細胞進行再生醫療（※3），投以熱切的眼光。

※1【黑質素】基底核的一部分；向紋狀體傳送多巴胺，抑制興奮與調節運動。

※2【人工誘導性多能幹細胞（iPS細胞）】二〇〇六年出現的人工誘導性多能幹細胞，對於實現再生醫療扮演著舉足輕重的角色。

※3【再生醫療】進行海馬迴的神經細胞再生醫療，應能有效治療阿茲海默症。此外，利用免疫細胞或許有機會根治生活習慣病。

運動時多巴胺的作用

多巴胺由中腦的黑質分泌，傳送到紋狀體，
由紋狀體向大腦皮質傳送運動的指令。

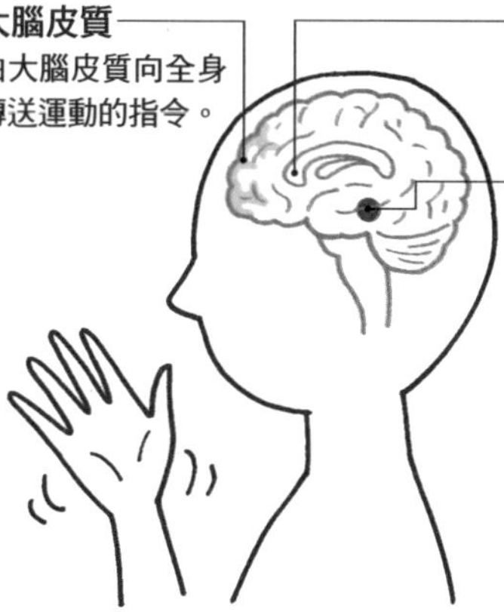
大腦皮質
由大腦皮質向全身傳送運動的指令。
紋狀體
紋狀體向大腦皮質下達調整運動的指令。
黑質
黑質的多巴胺神經製造的多巴胺傳送到紋狀體。

想隨心所欲控制身體，多巴胺可是從腦部傳送命令到全身的關鍵喔！

罹患帕金森氏症後……

❶正常的多巴胺神經

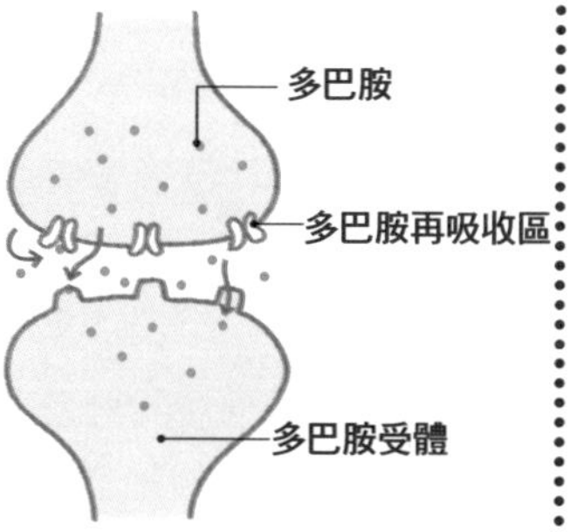
多巴胺
多巴胺再吸收區
多巴胺受體

多巴胺正常分泌後，根據腦部的指令傳送到全身。

❷帕金森氏症患者的多巴胺神經

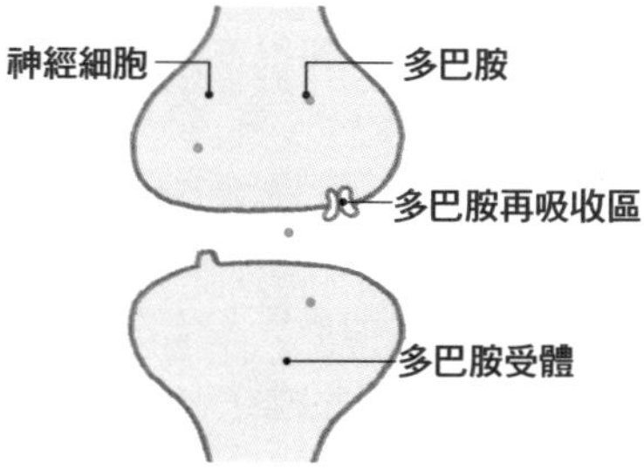
神經細胞
多巴胺
多巴胺再吸收區
多巴胺受體

分泌的多巴胺減少，無法根據腦部指令傳送至全身。

多巴胺神經退化，會導致多巴胺分泌減少，使得從紋狀體經由大腦皮質傳達至全身的運動指令無法順利傳送，運動功能因而惡化。多巴胺的細胞本身也會跟著減少。

專欄
5

不是只有媽媽才會產後憂鬱？爸爸也要注意？

生產後發病的「產後憂鬱症」，一般認為是女性荷爾蒙急速變化與生活節奏改變所引起，每十名產婦便有一人罹患這個病。產後憂鬱不僅造成失眠與食欲下降，還會出現各類症狀，例如對以往的嗜好失去興趣，不再感到快樂，責備自己沒有做好母親等等。

不過有研究報告指出，其實父親也可能罹患產後憂鬱。根據2018年發表的一份調查報告（＊1），對出生15個月的嬰孩進行健檢的同時，診斷父母是否罹患憂鬱症，結果發現：女性患病率為5%，男性為4.5%，兩者相差無幾。

這或許意味著無論是母親或父親，生產和育兒就是如此辛苦。社會輿論不時討論要如何因應母親的產後憂鬱，卻鮮少提及父親的情況。考量父親也有同等的風險，討論產後憂鬱時也應當擴及父親的處境。

順帶一提，一般治療憂鬱症的藥物是基於神經傳導物質減少導致發病（參見148頁）。然而最近研究發現，因為壓力而分泌的皮質醇，會導致腦源性神經營養因子（BDNF）減少，因此「腦源性神經營養因子減少，導致海馬迴難以建立新的記憶網路，進而不易改寫厭惡的記憶」這項假說受到眾人矚目。

最近神戶大學有研究（＊2）發現，腦部發炎引發神經細胞的功能產生變化，也是憂鬱症發病的主因之一。目前學界依舊持續進行憂鬱症方面的各類研究，希望更了解這項疾病。

（＊1）JAMA Pediatr. 2018
（＊2）Tomoyuki Furuyashiki et al Neuron 2018

第5章

腦的機制

腦是由大腦、小腦和腦幹所組成，
其中又以大腦占絕大部分。
大腦又分為表面的大腦皮質、內側的大腦邊緣系統與基底核，
它們各自具備不同功能，彼此相互合作，完成各種活動。
這一章就來搞懂腦的基本機制吧。

來看看腦部的完整結構吧！

校慶當天
校慶
「補腦」鮮果汁
喝了就能活化大腦！
沒有半個客人上門……
……
哇！好噁！
那是什麼？好恐怖！
媽媽～～好可怕～～
學長……
活化大

都沒人上門，應該是……
這隻害的吧……
喝了就能活化大腦
咚
呀
會嗎？
我們費了勁進這麼多貨……
該不會都賣不出去了……
「補腦」鮮果汁
喝了就能活化大腦！
要是賣得好，我們就一起去吃點好吃的東西吧！
太棒了！
美食跟……
壽司、烤肉、
法國菜……
這下沒望了。
直—
勾勾

請問……我可以拍照嗎？
咦？
啊……好啊！
要是拍完照順便買杯果汁，就更好了。
喀擦
喀擦
我幫你跟他一起拍吧！
真的嗎？太好了~~~♪
喀擦
真是謝謝！
這是潘菲爾德圖的皮質小人對吧！
你好厲害！居然知道耶！

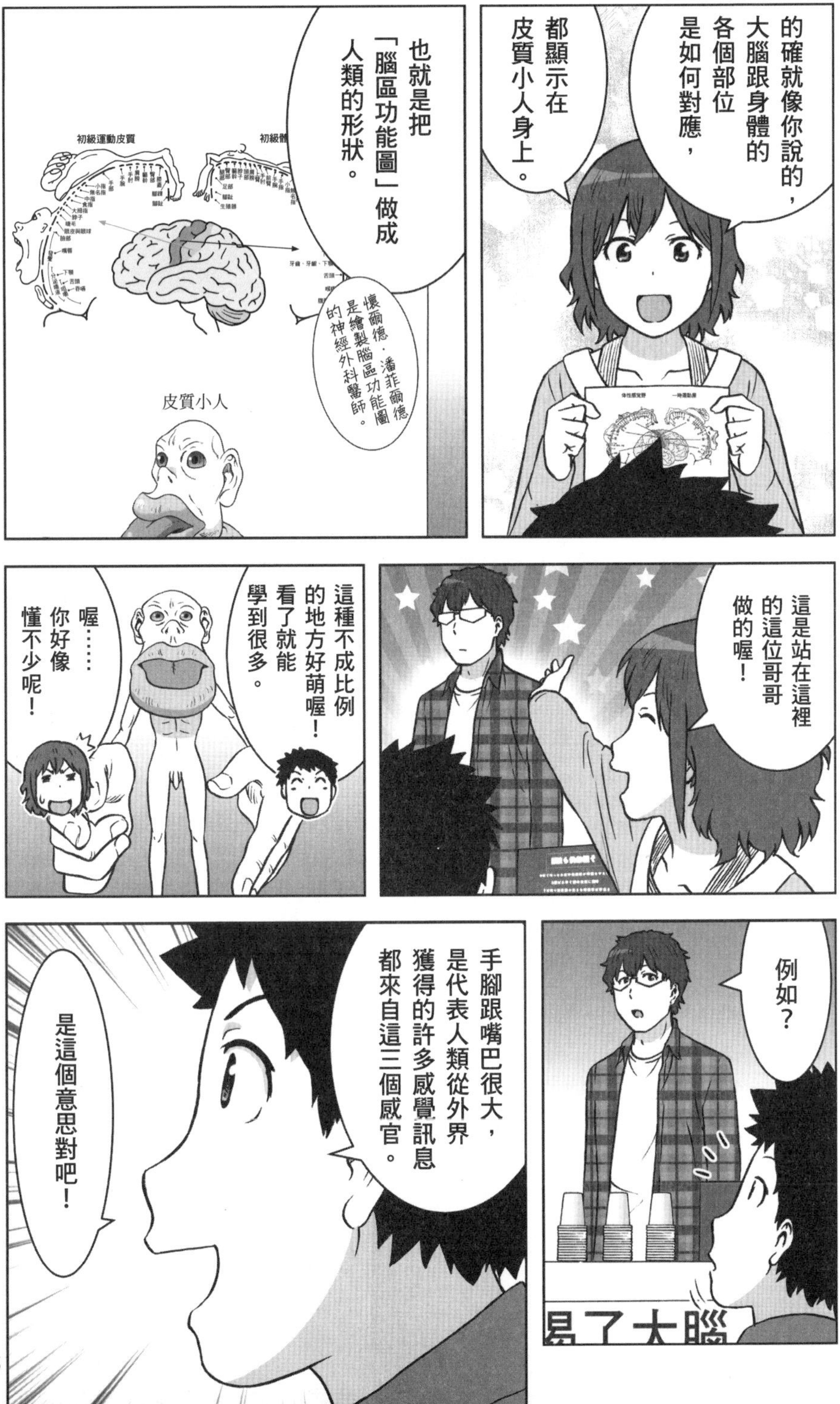

的確就像你說的，大腦跟身體的各個部位是如何對應，
都顯示在皮質小人身上。
也就是把「腦區功能圖」做成人類的形狀。
懷爾德．潘菲爾德是繪製腦區功能圖的神經外科醫師。
初級運動皮質
皮質小人
這是站在這裡的這位哥哥做的喔！
這種不成比例的地方好萌喔！看了就能學到很多。
喔……你好像懂不少呢！
例如？
易了大腦
手腳跟嘴巴很大，是代表人類從外界獲得的許多感覺訊息都來自這三個感官。
是這個意思對吧！

這張圖顯示……身體的各個部位對應的腦區占了多大的比例。
好厲害。
你聽得懂啊……好厲害喔！
嗯嗯
我最喜歡知道跟腦有關的知識了！
你、你好特別喔……
我既然以後想當老師，現在就要學著應對。
那你喜歡腦的什麼地方呢？
額葉！
額葉
額葉就好像是腦的司令部！
我們人之所以這麼特別、突出，正是因為相較於其他動物，
我們的額葉特別發達。這個和人類息息相關的額葉裡呢，尤其是前額葉皮質……
這樣啊！再多講一些！
前額葉皮質是負責工作記憶……也就是與為了作業而稍微記一下的功能有關。
讀寫、交談等等我們覺得理所當然的行為，都是前額葉皮質的貢獻。
不只如此，前額葉皮質還負責控制情緒。
前額葉皮質的功能會隨著變老而衰退，所以年紀愈大時，就會愈難控制煩躁與憤怒這些情緒。

還有呢？
運動語言區又叫「布洛卡區」，它掌管口頭的表達……
賣得怎樣？你們生意還好嗎？
能去吃點美食了嗎？
鬍子老師！
生意呢……
啊！伯伯來了！
伯伯？
他是我親戚的小孩。
你爸爸剛剛在找你喔！
這裡是伯伯的研究室嗎？
對啊！他們兩人都是優秀的學生喔！
沒有啦……
我們很期待喔！
我以後一定要進這所大學！
叔叔，……不對，學長學姊請等等我！
那時候我們已經畢業了。
應該
啊……對喔！

讓人類有別於其他物種的大腦司令部
額葉

思考與忍耐

位於大腦前方的額葉，包括了運動皮質和語言皮質等部位，掌管行動的高階控制與思考，人類之所以有別於其他物種，原因就在於額葉遠較其他動物發達。它就如同腦部的指揮官，會選擇「思考」、「忍耐」、「共鳴」、「回想」、「專心」等行爲。

神經傳導物質多巴胺跟這類高階認知功能（※1）關係密切，涉及的形式五花八門。大腦皮質當中，又以額葉中的多巴胺含量最多。研究發現，認知功能又與情緒帶動的動機相互作用，額葉的活動會因爲好惡而更爲活躍。

前額葉皮質涉及認知

額葉當中，是由位於額頭下方的前額葉皮質，負責控制情緒與認知相關的行動，所以這地方如果因爲疾病或意外而受損時，會影響幹勁，失去行動力，理解力下降，而且容易衝動行事。

此處也容易受到老化影響。我們的脾氣之所以會隨著年齡變差，原因之一便是前額葉皮質的功能衰退所致。

此外，與運動相關的初級運動皮質、運動聯合區（前運動皮質），以及跟言語相關的運動性語言區（布洛卡區），也位於此處。

※1【認知功能】正確認識由外界接收的訊息，決定應選擇「記憶」、「思考」或「判斷」等處理方式。

額葉的分區與作用

額葉包括前額葉皮質、初級運動皮質、
運動聯合區（前運動皮質）和運動性語言區（布洛卡區），
功能分別是控制情緒與做決定、掌管運動、管理語言。

前額葉皮質
控制情緒，根據邏輯判斷，計劃與執行複雜的行動。接收來自頭頂聯合區和顳葉聯合區的訊息，加以處理。

運動性語言區（布洛卡區）
運動性語言中樞，涉及發聲表現和理解文法。

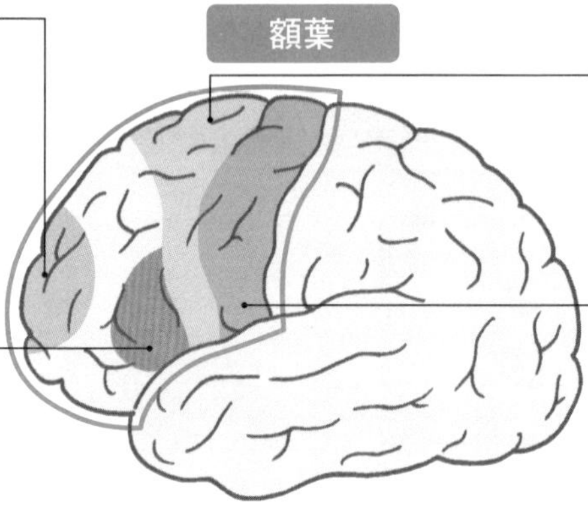

運動聯合區（前運動皮質）
傳送操作身體動作的指令，負責告知身體運動。

初級運動皮質
與運動聯合區連動，掌管計劃與執行運動。

前額葉皮質的功能，在於取得人類所具備的「智慧」、「情緒」和「主張」三者之間的平衡，任務重大。

鬍子老師**小教室**

前額葉皮質受損
可能導致性情大變

1848年，鐵路工程技術人員費尼斯・蓋吉（Phineas Gage）因為工地爆炸，遭到鐵棍從左眼下方戳進，貫穿腦部，身受重傷。儘管他被救回一命，鐵棍卻嚴重破壞了他的前額葉皮質。
負責治療他的醫師約翰・馬丁・哈洛（John Martyn Harlow）在記錄中表示，發生意外之前，蓋吉「做事完美無缺，聰明俐落，精力充沛，充滿毅力，有始有終」，發生意外之後卻「毛毛躁躁，虎頭蛇尾，有時非常任性，無法忍耐違反欲望的束縛與忠告，頑固得聽不下任何勸告」。
這個膾炙人口的例子充分顯示，前額葉皮質與計畫行事、建構人格等功能息息相關。

前額葉皮質中各個區域的作用

接下來要跟大家介紹幾個釐清前額葉皮質各區功能的實驗。

實驗 更改威斯康辛卡片分類測驗（Wisconsin Card Sorting Test），實驗對象為猴子。

❶讓猴子看範例圖形。接下來，在圖形的周圍提示三個測試圖形。

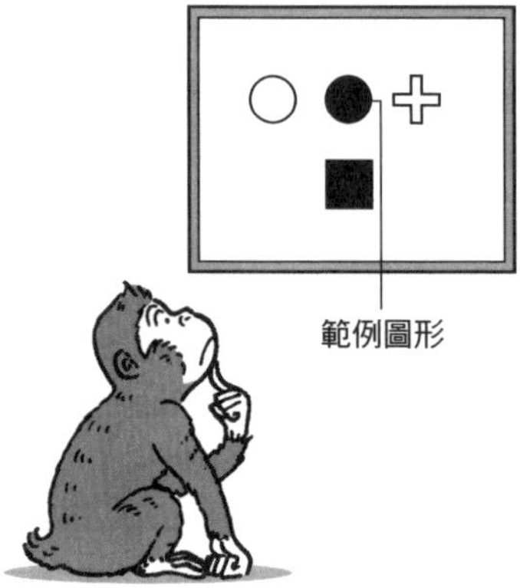
範例圖形

❷猴子依照規則選擇時，給予獎勵。

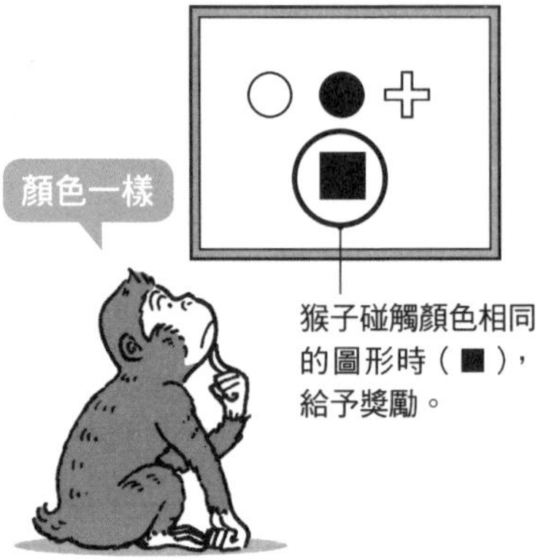
顏色一樣
猴子碰觸顏色相同的圖形時（■），給予獎勵。

※測試二十次的正確率超過八成五時，「規則」會自動變換。

前額葉皮質每個區域的功能不同

理研的田中啓治老師簡化了威斯康辛卡片分類測驗（※1），訓練猴子執行行動課題，藉此研究前額葉皮質的每個區域具備什麼功能。調查結果發現，每個區域爲了完成課題而各自發揮功能。

前額葉皮質可分爲外側前額葉皮質下方、中央溝區（※2）、眶額皮質（※3）、前扣帶溝區（※4）等部位。這項實驗發現，猴子是利用外側前額葉皮質下方，判斷兩個圖形是否一致，以中央溝區記憶完成課題所需的規則（工作記憶）。眶額皮質會將獲得獎勵的經驗與下一次選擇做連結，前扣帶溝區的功能則是縮短做決定的時間。

猴子做測驗時的腦部狀況

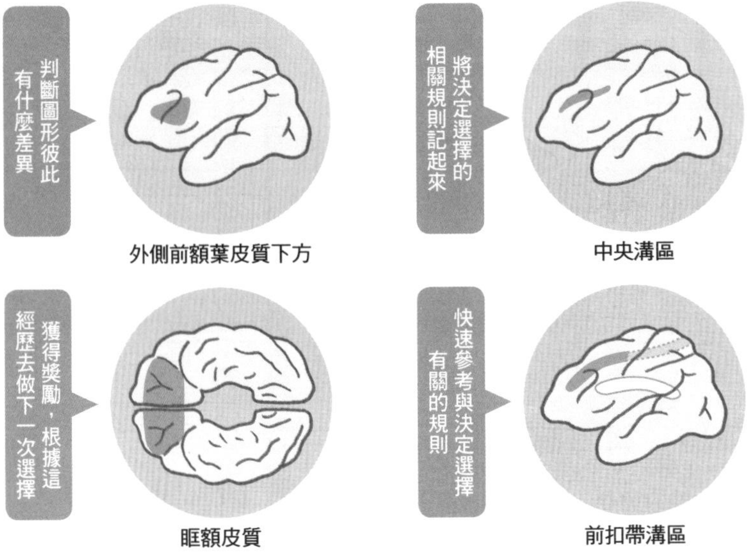
判斷圖形彼此有什麼差異
外側前額葉皮質下方
將決定選擇的相關規則記起來
中央溝區
獲得獎勵，根據這經歷去做下一次選擇
眶額皮質
快速參考與決定選擇有關的規則
前扣帶溝區

前額葉皮質負責適當處理訊息，決定正確的行動。這項實驗證明了它的各個區域各有所長。

＊參考：Keiji Tanaka et al Science 2007

※1【威斯康辛卡片分類測驗（Wisconsin Card Sorting Test）】
這項測驗會準備一到四張畫有圓圈或方塊等圖案的卡片，讓受試者根據顏色、形狀或數量是否一樣去分類，經常用於腦傷患者的臨床治療。

※2【中央溝區】
位於額葉前方名為中央溝的腦溝壁面，功能是儲存物體空間位置的工作記憶。

※3【眶額皮質】
位於眼球上方，功能是記憶刺激或者物品與獎勵的關係。

※4【前扣帶溝區】
扣帶溝是腦溝之一，位於額葉內側。前扣帶溝區位於扣帶溝前方的壁面，涉及由預測的獎勵選擇合適的行為等等。

感應觸覺、疼痛等感覺
頂葉

收集感覺訊息，與細微的運動有關

頂葉位於頭頂靠後方，其中初級體感皮質接收來自臉與手腳等各部位的觸覺、位置感覺、痛覺與溫度等感覺訊息，和隔著中間溝面對面的初級運動皮質（位於額葉）協力，掌握細微的動作。

名爲「潘菲爾德圖」（參見175頁）的腦部圖，標示初級體感皮質與初級運動皮質所對應的身體各個部位，顯示雙方連動發揮功能。

初級體感皮質所接收的訊息，在傳送至後方的頭頂聯合區後，會與視覺訊息統整，藉以掌握空間位置。

發揮空間認知能力

初級體感皮質在生活中大大小小的場面派上用場，最爲敏感的是指尖的觸感，例如不用看口袋裡的銅板，用摸的就知道是多少錢。潘菲爾德圖中，也是對應手部與臉部等敏感部位的腦部區域面積最大，對應背部等較爲遲鈍部位的腦部區域面積狹小。

除了觸覺，物體的位置、距離、移動速度與方向等空間的認知能力（例如接住或閃躲飛來的球等等），也跟頭頂聯合區息息相關。

頂葉受損會失去空間的認知能力，出現失認（※1）或失用（※2）等症狀。

※1【失認症】多半發生於右頂葉受傷時，造成患者雖看得見左側，卻無法認知因而忽略它。

※2【失用症】包括失去認知空間的能力而無法重現圖形的「建構型失用症」，以及無法完成烹飪等一連串複雜工序和步驟的「意念性失用症」。

頂葉的分區與作用

頂葉包括額葉的初級運動皮質、與細微動作有關的初級體感皮質，
以及掌管空間認知的頭頂聯合區。

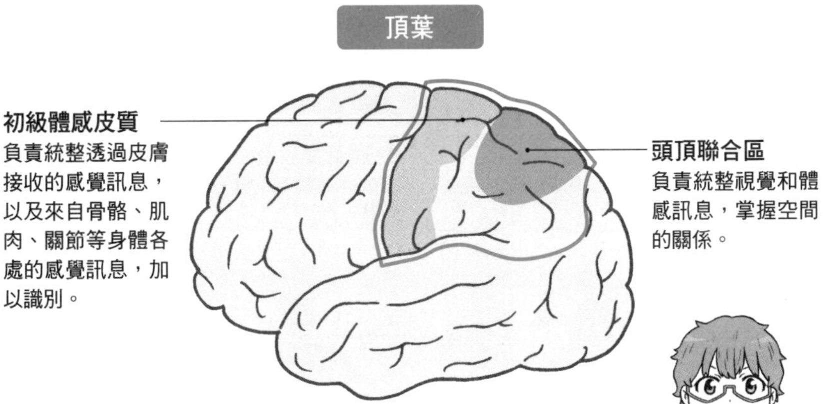
頂葉
初級體感皮質
負責統整透過皮膚接收的感覺訊息，以及來自骨骼、肌肉、關節等身體各處的感覺訊息，加以識別。
頭頂聯合區
負責統整視覺和體感訊息，掌握空間的關係。

頂葉除了識別身體的感覺，下令做複雜動作之外，
也跟數字相關，負責計算等等。

鬍子老師小教室

沒有失明卻視而不見「半側空間動作失能」是什麼？

半側空間動作失能，是阻塞性或出血性腦中風等疾病造成大腦半球受損時，引發的忽略症候群當中的一種，多半是右頂葉受損而引發左半側空間動作失能。
左半側空間動作失能的症狀是，明明看得到自己左側的物品，卻忽略無視。例如忽略自己左側有人而沒打招呼、用餐時不吃放在左側桌上的餐點、容易撞到左邊的物品等等。
患者的視力看得到忽略側的物品，卻因為頂葉受損而無法認知，或是難以將注意力放在忽略側。

涉及社會行為的腦部功能

有實驗報告指出，做出社會化行為時，
頂葉的神經細胞會活化起來。
以下就介紹這個實驗的詳細情形。

實驗

觀察兩隻猴子在不同位置拿取桌上的飼料時，會採取什麼行動，並且觀察這時牠們頂葉的神經細胞如何活動。

A ▸ 面對面坐著
彼此不用競爭（雙手伸得到的範圍沒有重疊）。

拿飼料時，不會受到對方干涉！
頂葉的神經細胞僅對自己的行動起反應。

B ▸ 隔著桌角坐
彼此間有競爭（雙手伸得到的範圍有一部分重疊。）

頂葉神經不僅對自己的行動有反應，對對方的行動也有！
拿飼料時，有時會碰到對方！

＊參考：Naotaka Fujii et al PLOS ONE 2007

頂葉神經細胞會起變化，好適應社會環境

現在普遍認爲，腦部爲了因應社會環境與情況的變化，會切換既有的機制，以便隨時採取最佳行動。

切換的原理雖然至今仍未釐清，但理研的實驗發現，認識空間與環境的頂葉神經細胞會改變功能，以因應與他人的社會關係。

實驗結果指出，當位置改變到可能碰觸到對方的手時，原本只對自己的行動起反應的頂葉神經細胞，也開始對對方的行動起反應（參見上圖）。

換句話說，腦中認識空間的功能，會因應社會環境的變化而擴大，面對的世界也隨之擴張。

潘菲爾德圖

又稱為「大腦地圖」，是加拿大外科醫師懷爾德．潘菲爾德（Wilder Penfield）所製作的腦部功能圖。在圖中，初級體感皮質（頂葉）和初級運動皮質（額葉）所掌管的各個領域，與身體各部位的對應關係，是以皮質小人（homunculus）的型態呈現。

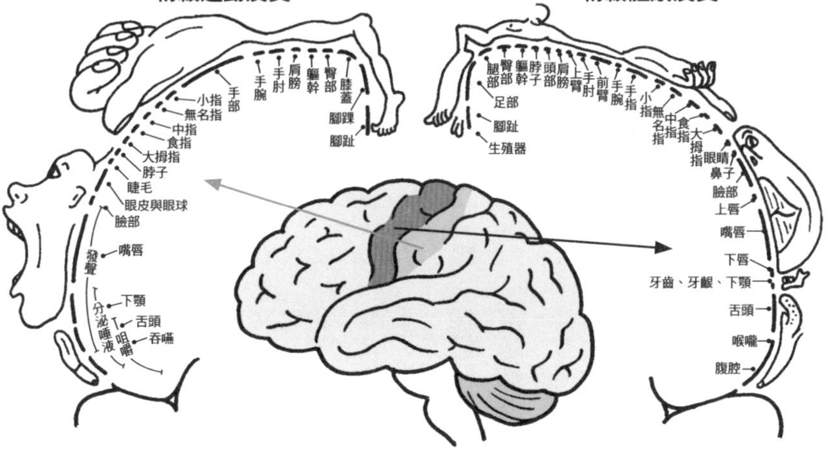

初級體感皮質負責接受來自身體各處的訊息，初級運動皮質負責傳送操作身體的指令，由固定的區域對應身體各部位。初級體感皮質和初級運動皮質中間是中央溝，對應下肢、軀幹、上肢和臉部的區域依序排列。愈常使用，體積愈大。

皮質小人

把大腦地圖中的平面皮質小人畫成左邊的立體人形，一看就知道手、手指、嘴巴和舌頭都大得出奇！

皮質小人身體各部位的大小，是依照大腦皮質的面積描繪的，愈大表示由那部位接收的訊息愈多。

統整視覺訊息
枕葉

處理與辨識眼睛看到的事物

枕葉位於頭部後方，頭部前方則是頂葉，兩者以頂枕溝爲分界。

枕葉包括初級視覺皮質和視覺聯合區，前者接收來自眼睛的訊息，後者整理和彙整來自視覺皮質的訊息，辨識人臉、物體的形狀與顏色等等。傳送而來的大量視覺訊息照會記憶，進行分析。

然而有趣的是，處理視丘訊息的神經細胞，與處理高階腦（※1）訊息的神經細胞，數量是二比八。由此可知，相較於處理外界訊息，腦部更多是在內部做各式各樣的事。

掌握微小的特徵或是分門別類

由枕葉到顳葉之間的寬廣區域，稱爲高階視覺皮質（※2），這部位爲人熟知的作用，是對物體圖像進行高階處理。

例如：同時看到許多種動物的臉時，無論是何種動物都能立刻判斷看到的是「臉」，此外還能藉由眼睛、鼻子等特徵，辨識是何種動物。腦部是藉由判斷映入眼簾的影像究竟是什麼，並且加以分類來辨識。

此外，根據過往的研究可知，高階視覺皮質中，區分物體圖形特徵的區域和分門別類以辨識的區域，並不相同。

※1【高階腦】以處理訊息的能力分類，腦部可分為高階腦與原始腦。高階腦（大腦皮質）掌管調節運動、感覺認知與記憶等高階功能，原始腦（腦幹、小腦）則掌管呼吸與心跳等自律神經。

※2【高階視覺皮質】來自初級視覺皮質的視覺訊息，會在這裡進行更高階的處理，例如處理顏色和篩檢物體具備的圖形特徵等等。

枕葉的分區與作用

枕葉位於頭部後方，
包括處理顏色與形狀等視覺訊息的初級視覺皮質和視覺聯合區等。

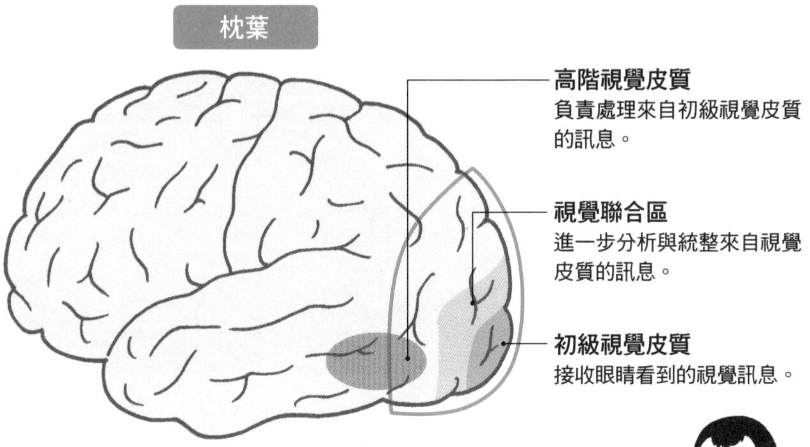

枕葉
高階視覺皮質
負責處理來自初級視覺皮質的訊息。
視覺聯合區
進一步分析與統整來自視覺皮質的訊息。
初級視覺皮質
接收眼睛看到的視覺訊息。

初級視覺皮質所接收的視覺訊息，會分別經由分辨位置與動作的空間路徑，以及辨識顏色、形狀等等的內容路徑，傳送到其他部位，詳情請看下一頁。

鬍子老師小教室

無法辨別人臉孔的——臉盲症

人類辨別人臉的區域位於顳葉與枕葉之間。有些人天生這區域就有缺陷，無法辨別人臉，這種疾病稱為「先天性臉盲症」，患者約占總人口的2%到3%。

一般人通常是瞬間掌握別人五官的個別特徵，不自覺地辨識和記憶。然而難以辨別人臉孔的臉盲症患者，則是綜合掌握髮型、身材、性格與聲音等其他訊息，加以判斷，因此不少人可能以為自己不過是「不擅長記人臉」，從未發現自己原來是先天性臉盲症。

反之，如果辨別臉部的腦區太過活躍，則可能導致將人臉看成幾何圖案或木頭的紋路，甚至像靈異照片。

眼睛辨識物體的原理

視覺訊息在初級視覺皮質整合輪廓，
分為位置訊息（空間路徑）和形狀、
顏色（內容路徑）共二條路徑傳送與處理。

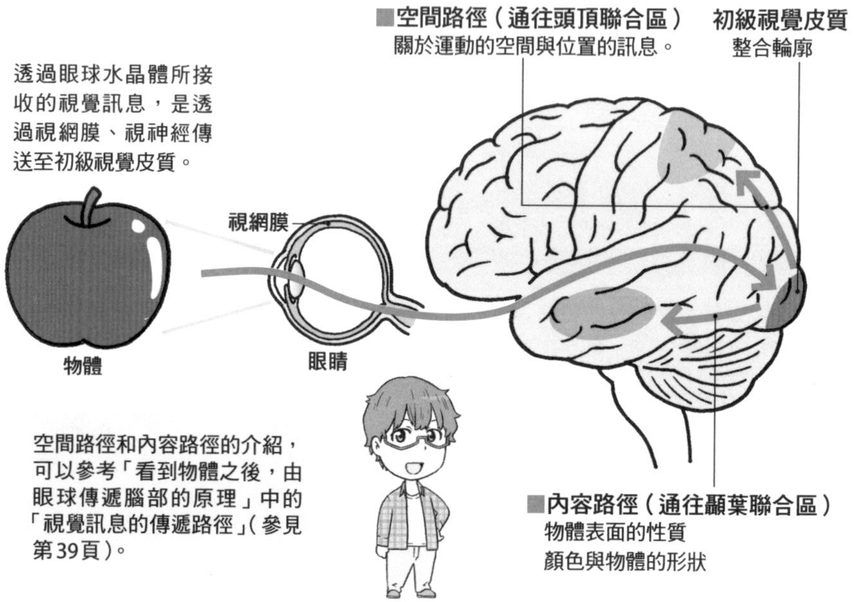

■空間路徑（通往頭頂聯合區）
關於運動的空間與位置的訊息。
初級視覺皮質
整合輪廓
透過眼球水晶體所接收的視覺訊息，是透過視網膜、視神經傳送至初級視覺皮質。
視網膜
物體
眼睛
■內容路徑（通往顳葉聯合區）
物體表面的性質
顏色與物體的形狀

空間路徑和內容路徑的介紹，可以參考「看到物體之後，由眼球傳遞腦部的原理」中的「視覺訊息的傳遞路徑」（參見第39頁）。

高階視覺皮質具有分門別類的神經細胞

關於高階視覺皮質的作用，曾有實驗調查獼猴看到猴子的臉、動物的身體和食物等不同領域的圖像時，腦部會出現哪些活動（參見左頁）。

實驗結果發現，高階視覺皮質具備對不同特徵產生反應的細胞，這些細胞各自形成柱狀結構，用以辨識圖像。

這些柱狀結構又會形成更大的腦區，將物品分門別類，加以辨識。

此外，作夢時的腦部活動，和實際看到物體時類似。由此進一步分析睡眠時的腦部活動，得以推測夢中見到的物體究竟是什麼。研究報告發現，即將清醒時的資料準確度很高，可以用來解讀夢見了什麼。

高階視覺皮質的作用

高階視覺皮質中，
處理物體特徵的區域和分類物體的機制大相逕庭。

實驗

給猴子觀看各種物體的圖像，測量牠們高階視覺皮質的活動，記錄高階視覺皮質的神經細胞傳送電訊號的情況。

猴子的高階視覺皮質活動的情況

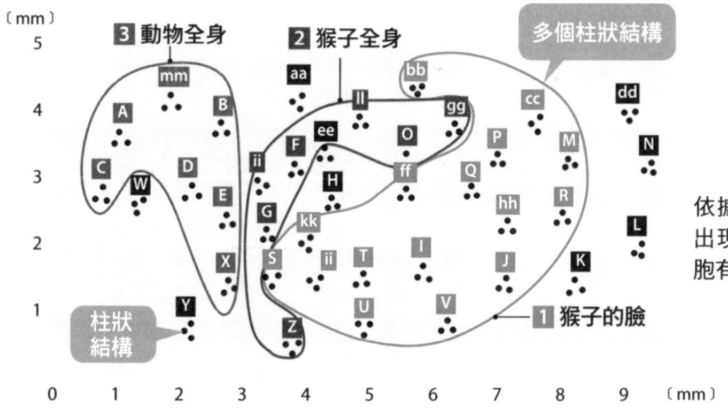

〔mm〕
3 動物全身
2 猴子全身
多個柱狀結構
1 猴子的臉
柱狀結構
〔mm〕

依據物體的類別，出現反應的視覺細胞有所不同。

結果發現
1的領域：聚集著反應「猴子的臉」的柱狀結構。
2的領域：聚集著反應「猴子（全身）」的柱狀結構。
3的領域：聚集著反應「動物（全身）」的柱狀結構。

高階視覺皮質中的柱狀結構，以及它們聚集的區域

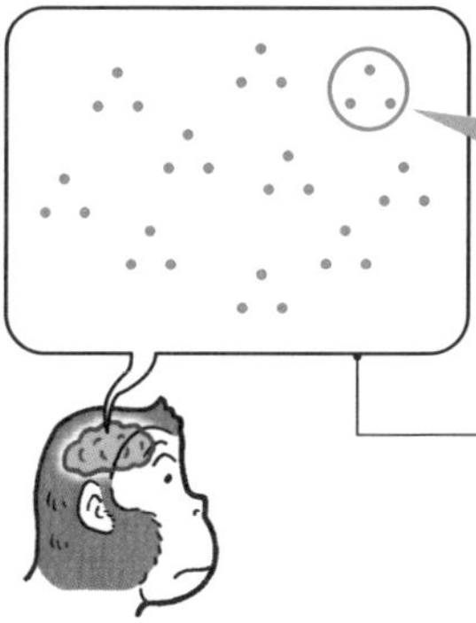

柱狀結構（神經細胞聚集成圓柱狀）
▶擷取物體的特徵（個別的臉等等）加以認識。

相同柱狀結構聚集的區域
▶依照分類（臉、全身等等）區分物體並加以辨識。

＊參考：Manabu Tanifuji et al Neuroscience 2013

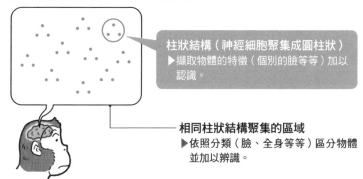

掌管語言與記憶

顳葉與島葉

掌管口語與聽覺

顳葉位於和頂葉的交界「外側溝」的下方，介於左右兩隻耳朵的四周，其中又可分爲接收聽覺訊息的初級聽覺皮質、了解口語的感覺性語言皮質（韋尼克區，Wernicke's area），以及綜合處理聽覺與視覺資訊的顳葉聯合區。

顳葉也與大腦邊緣系統的海馬迴、杏仁核緊密連結，與辨識人臉、表情或回想記憶有關。

位於外側溝深處、從表面無法看到的島葉（腦島），則除了接收味覺、嗅覺、觸覺與痛覺等感覺之外，也涉及獎勵、情緒、自我意識等爲了目的而行動的知覺。

布洛卡區與韋尼克區構成語言中樞

說話、聆聽以及了解語言，不僅需要位於顳葉的韋尼克區發揮作用，位於額葉的布洛卡區（※1）也擔當重責大任。布洛卡區和韋尼克區合稱「語言中樞」，前者主要負責發聲，後者主要負責聆聽與理解。

理解故事的能力與韋尼克區、右顳頂交界區（※2）相關。我們聆聽故事並且在腦中想像畫面時，會刺激處理視覺訊息的枕葉活動，因此有研究報告指出，愈是經常聽人說故事以及有閱讀習慣的兒童，這些腦區的活動愈是活躍（參見183頁）。

※1【運動性語言皮質（布洛卡區）腦】又稱為運動性語言中樞，負責處理語言、了解口語；位於額葉。

※2【右顳頂交界區】顳葉與頂葉的交界，位於外側溝後方；功能包括「了解譬喻」、「發現背後的真意」、「區分自己與他人」以及「了解對方的心情」等等。此處受損會影響道德判斷和分辨對方心聲等功能。

顳葉的分區與作用

顳葉包括接收聽覺訊息的初級聽覺皮質、了解口語的韋尼克區，
以及綜合處理聽覺、視覺的顳葉聯合區等等。

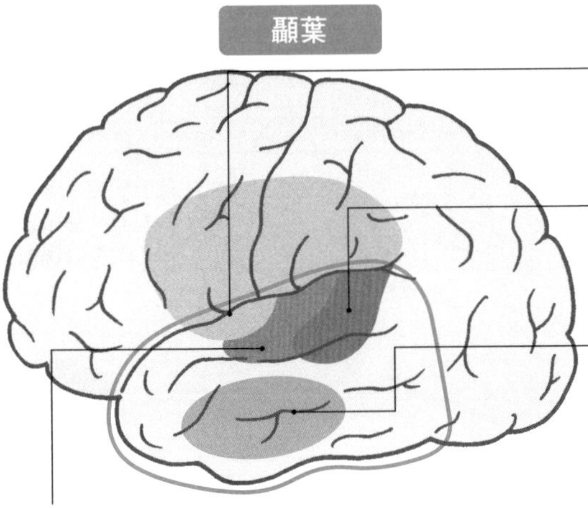

島葉（腦島）
位於外側溝的深處，從表面看不到。涉及疼痛與厭惡等反應。

韋尼克區
功能是了解口語；和布洛卡區構成語言中樞。

顳葉聯合區
整合聽覺與視覺，加以處理，同時也涉及記憶與理解語言。

初級聽覺皮質
接收來自耳朵的聽覺訊息。

由於顳葉職司了解語言、認識物體的顏色和形狀等事情，可以說與藝術活動息息相關。

鬍子老師**小教室**

看到他人痛苦時會感到不適的大腦機制

我們看到令人不適的情況時，大腦的島葉也會有反應。
英國有研究發現，看到女性打男性耳光，實驗對象的島葉會十分活躍，由此可以判斷，人類的腦部具備看到他人痛苦會感到不適的機制。
不過如果在給受試者觀看影像之前，先說明「由於男方做了對不起女方的事，因此女方這樣懲罰男方」，那麼大腦中出現劇烈活動的是伏隔核。
伏隔核是人類感到快樂時活化的腦區。因此這種情況是知道對方罪有應得，所以看到他受罰反而認為是老天有眼，於是感到愉悅。

語言中樞的機制

腦部掌管語言的區域包括負責「説話」的布洛卡區，
以及負責「聆聽」的韋尼克區，
兩者之間透過「弓狀束」（arcuate fasciculus）這種神經纖維傳遞訊息。

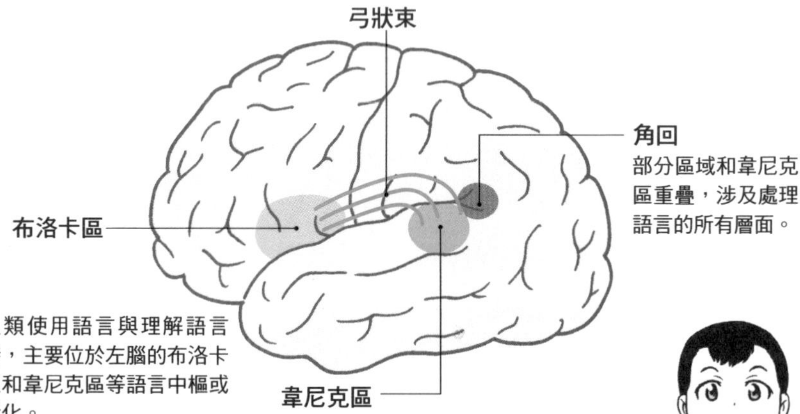
弓狀束
角回
部分區域和韋尼克區重疊，涉及處理語言的所有層面。
布洛卡區
韋尼克區

人類使用語言與理解語言時，主要位於左腦的布洛卡區和韋尼克區等語言中樞或活化。

右腦中相當於布洛卡區和韋尼克區的部位，與理解語言的音韻、節奏等有關。

睡眠不足會導致顳葉活動遲鈍

位於左顳葉的韋尼克區倘若受損，就算聽得見聲音，也辨別不出聲音的意義，這種情況稱爲「感覺性失語症」，語言在這種患者聽來猶如「鴨子聽雷」。

另外，有實驗在受試者睡眠不足時，進行臉部辨識測試，記錄他們內側顳葉的神經細胞活動，結果發現，相較於睡眠充足時，受試者神經細胞的活動較不活躍，回答速度變得遲緩。內側顳葉是海馬迴所在之處，因此研究者認爲，睡眠不足會影響記憶與回想的能力。信州大學寺澤宏次教授則有研究發現，打麻將或玩橋牌時，右顳頂交界區會在嘗試欺騙其他玩家時活化（※2）。這項研究還發現，這裡同時是談戀愛時活動會減少的腦區。常言道「戀愛是盲目的」，從腦科學的角度來講，這話還眞有幾分道理。

＊1 Itzhak Fried et al Nature Medicine 2017　＊2 R.Mckell Carter et al Science 2012

兒童腦部活動與聽故事的關聯

美國的兒童神經學家約翰・赫頓（John Hutton）
曾調查兒童聽故事時的腦部活動情形，
發現最能強化兒童神經細胞網路的工具是繪本（插圖）。

實驗

用「只有聲音」、「聲音加插畫」、「卡通」共三種方式講述故事，同時利用功能性磁振造影調查兒童腦部的活動狀態。

只有聲音

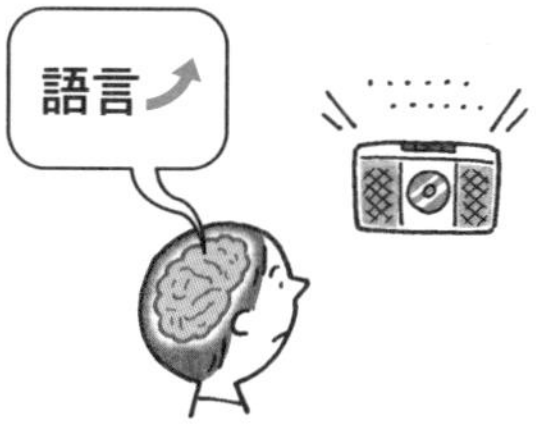

大腦中的語言網路大幅活化，其他網路連結卻十分薄弱。兒童僅能憑藉聲音了解故事，這令他們覺得有壓力。

聲音加插畫

相較於只有聲音的情況，語言網路的活化情況雖然較為遜色，但視覺、聽覺與其他網路的連結卻全部提升。兒童還能藉由插畫了解故事，因此理解度也最高。

卡通

聽覺與視覺的網路活化，但與其他網路卻近乎毫無連結。由於精力多半耗費在理解影像，結果對於故事的理解度最低。

「繪本」正是「聲音加插畫」的最佳範例，比起只有聲音與卡通，念繪本給孩子聽最能有效促進孩子的腦部活動發展。父母與孩子相互讀繪本給對方聽，還能提升孩子的智商喔。

＊John S. Hutton et al Pediatrics 2015

掌管本能行動與記憶

大腦邊緣系統與基底核

大腦邊緣系統是「情緒腦」

大腦邊緣系統位於比覆蓋大腦的新皮質更內側的位置，圍繞著腦幹。

這個部位又稱爲大腦的古老皮質（原皮質與古皮質），屬於兩棲類等低等動物腦部中發達的區域，掌管動物的原始功能。由於掌管基於好惡等本能的行動、情緒和記憶，因此它又稱爲「情緒腦」。

大腦邊緣系統包括以下幾個部位：扣帶迴（※1）調節呼吸器官、做決定等情緒相關的處理；杏仁核是情緒中樞，負責判斷愉快與否；海馬迴涉及短期記憶並負責儲存記憶；腦穹窿的神經纖維連結海馬迴，發揮功能。

杏仁核是「恐懼中樞」

杏仁核除了掌管愉快與否、好惡等情緒之外，也與恐怖、不安等直接威脅生命的情緒有關，促使人類依循本能採取行動，因此又稱爲「恐懼中樞」。杏仁核一旦失去功能，人也就不知道恐懼爲何物了。

刺激過於強烈時，杏仁核和伏隔核會一同反應，避免情緒傳送至海馬迴，留下記憶。所以人類遇上強烈的體驗時，事後往往回想不起細節。不過另一方面，適當的情緒波動反而會延長記憶力。

※1【扣帶迴】位於胼胝體附近的腦迴，負責連結大腦邊緣系統與大腦皮質。

大腦邊緣系統的構造與作用

大腦邊緣系統包括扣帶迴、杏仁核、海馬迴與腦穹窿等部位，
掌管本能與喜怒哀樂，同時也與記憶、自律神經等功能相關。

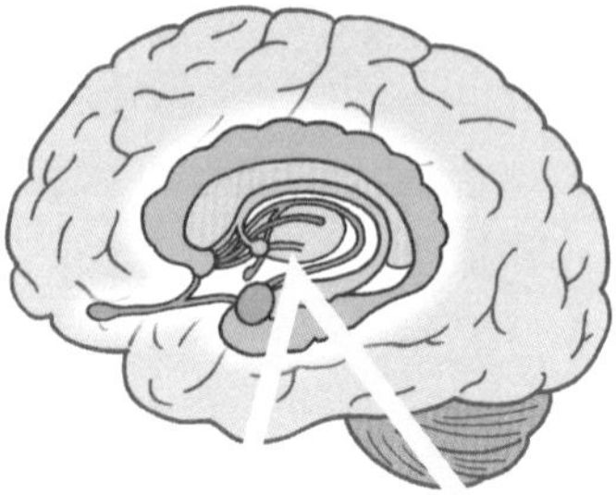

杏仁核掌管判斷好惡，與「恐懼」、「厭惡」所引發的刺激特別息息相關，詳情可以參考129頁的說明。

經由杏仁核傳來的「舒適」、「喜歡」等刺激會傳送至伏隔核，釋放多巴胺，產生令人感覺舒服的快感。

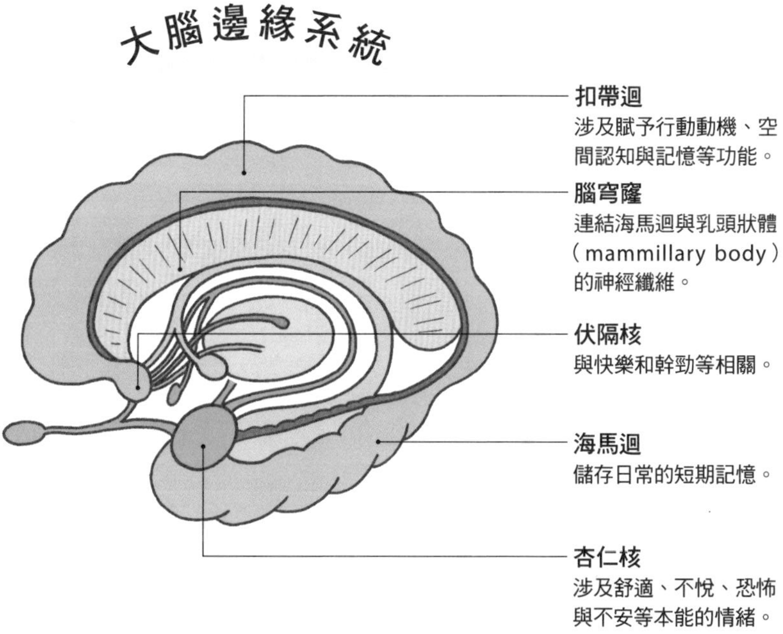
大腦邊緣系統
扣帶迴
涉及賦予行動動機、空間認知與記憶等功能。
腦穹窿
連結海馬迴與乳頭狀體（mammillary body）的神經纖維。
伏隔核
與快樂和幹勁等相關。
海馬迴
儲存日常的短期記憶。
杏仁核
涉及舒適、不悅、恐怖與不安等本能的情緒。

基底核的構造

基底核由紋狀體、蒼白球（globus pallidus）、
視丘下核與黑質等構成，
位置比大腦邊緣系統更靠近內側，與調節隨意運動相關。

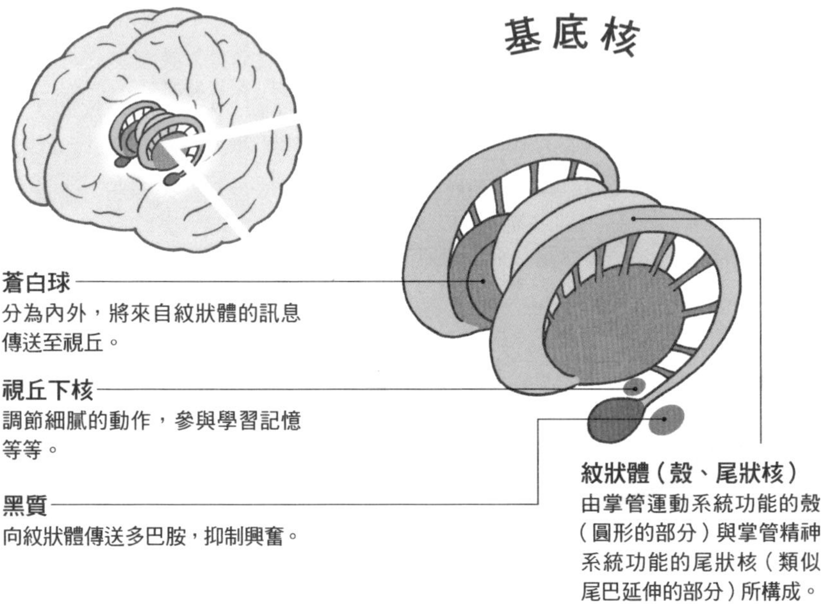
基底核
蒼白球
分為內外，將來自紋狀體的訊息傳送至視丘。
視丘下核
調節細膩的動作，參與學習記憶等等。
黑質
向紋狀體傳送多巴胺，抑制興奮。
紋狀體（殼、尾狀核）
由掌管運動系統功能的殼（圓形的部分）與掌管精神系統功能的尾狀核（類似尾巴延伸的部分）所構成。

環繞大腦的迴路掌控隨意運動

基底核的位置比大腦邊緣系統更靠近腦部內側，連結大腦皮質、視丘與腦幹，是傳遞訊息的中繼站。

其中包括涉及調節隨意運動與做決定的紋狀體、把來自紋狀體的訊息傳送至視丘的蒼白球，以及視丘下核與黑質等等。

訊息在腦中經過的迴路分爲直接迴路與間接迴路，前者由視丘經過大腦皮質、基底核的紋狀體、黑質與蒼白球，最後又回到視丘；後者由紋狀體經過外蒼白球、視丘下核與黑質，再回到視丘。這兩條迴路維持良好平衡，身體的隨意運動才能夠順暢協調。

基底核的二條迴路

基底核負責調節隨意運動。
由於連結大腦皮質與視丘等部位，控制隨意運動順利執行。

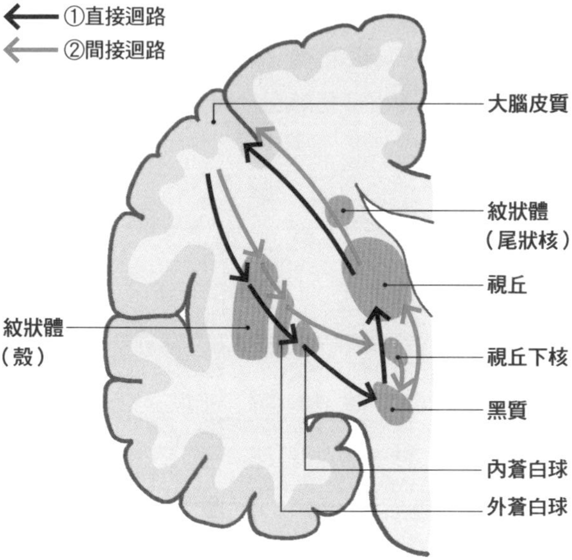

①直接迴路
②間接迴路
大腦皮質
紋狀體
（尾狀核）
視丘
紋狀體
（殼）
視丘下核
黑質
內蒼白球
外蒼白球

這兩條迴路保持平衡，人體的隨意運動才能順暢喔！

❶直接迴路

視丘
▼
大腦皮質
▼
紋狀體（殼）
▼
內蒼白球／黑質
▼
視丘

促進大腦皮質活動

▲

放開煞車的感覺

❷間接迴路

視丘
▼
大腦皮質
▼
紋狀體（殼）
▼
外蒼白球
▼
視丘下核
▼
黑質
▼
視丘

抑制大腦皮質活動

▲

用力踩剎車的感覺

維持生命活動的中樞
間腦與腦幹

間腦由視丘與下視丘組成

大腦的下方依序是間腦與腦幹，雙方位於頸椎（※1）後方，形狀細長。

間腦又分爲視丘與下視丘，嗅覺以外經由脊髓傳送而來的感覺訊息，會透過視丘傳送至大腦。下視丘不僅是控制內臟與內分泌的自律神經中樞，也是掌管食慾、睡眠與性行爲等本能行動的中樞。

此外，大腦邊緣系統的杏仁核感到恐懼時，會將訊息即刻傳送至下視丘，由下視丘向自律神經下達命令。交感神經因而活躍，出現心跳加快、血壓上升、全身肌肉收縮等身體反應。

腦幹與維持人體生命息息相關

腦幹連結大腦與脊髓，統整與維持生命相關的功能。其中「網狀結構」這部位，是由神經細胞與神經纖維所組成，形狀像一面網子。腦幹透過網狀結構，向大腦皮質傳送刺激。

腦幹由上到下分爲中腦、橋腦與延腦。中腦不僅是視覺與聽覺的中繼站，也與反射動作相關，例如眼球運動和失去平衡時立刻調整姿勢等等。橋腦與表情、咀嚼等功能相關，連結小腦調節動作。延腦則是自律神經中樞，控制呼吸與心血管系統等器官。

※1【頸椎】
屬於脊椎動物脊椎骨中的一部分，包括人類在內的哺乳類動物，幾乎都由七節頸椎骨構成頸椎，功用是保護由腦部延伸至全身的脊髓。

間腦的構造與功能

間腦分為視丘與下視丘，
下視丘又分為松果體、腦下垂體與乳頭體。
視丘是嗅覺以外的感覺訊息中繼站。

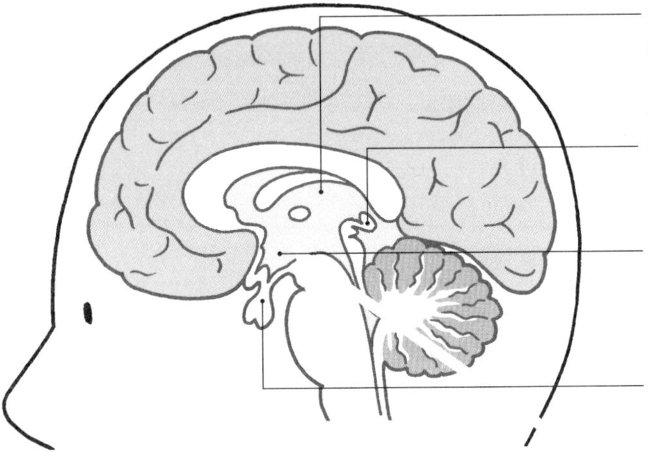

視丘
接收嗅覺以外的感覺訊息，傳送至大腦皮質。

松果體
分泌調整晝夜節律的荷爾蒙「褪黑素」。

下視丘
自律神經的中樞，與憤怒、不安等情緒行動相關。

腦下垂體
分泌多種荷爾蒙的內分泌器官。

間腦就像機場的塔台，彙整許多訊息的同時控制內臟與血管，調節體內環境。

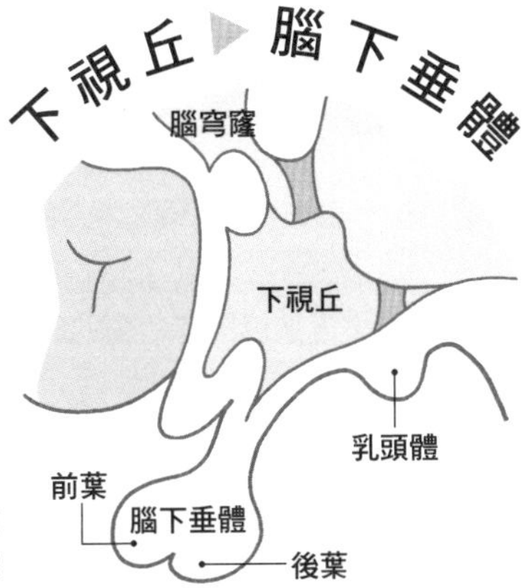

位於下視丘的腦下垂體會因為壓力而分泌荷爾蒙。

下視丘含有多種神經分泌細胞，接收來自身體各部位與大腦邊緣系統的訊息，向腦下垂體等部位分泌荷爾蒙。

腦下垂體根據下視丘的指令分泌荷爾蒙。腦下垂體後葉屬於下視丘的一部分，下視丘所產生的荷爾蒙會運送到這裡釋出。

腦下垂體荷爾蒙的種類和功能

腦下垂體是分泌多種荷爾蒙的內分泌器官，
分為腦下垂體前葉與腦下垂體後葉，前者負責接受來自下視丘的指令，
後者負責釋放下視丘產生的荷爾蒙。

腦下垂體前葉荷爾蒙

促腎上腺皮質素（ACTH）

作用部位 腎上腺皮質

功能 促進製造皮質醇等荷爾蒙。

促甲狀腺素（TSH）

作用部位 甲狀腺

功能 促進製造甲狀腺激素。

濾泡刺激素（FSH）、黃體成長素（LH）

作用部位 生殖腺與乳腺

功能 刺激生殖器官，促進製造精子、卵子與性激素。

催乳素（PRL）

作用部位 乳房

功能 刺激乳腺，促進分泌乳汁。

生長激素（GH）

作用部位 內臟

功能 促進肝臟等內臟的新陳代謝與骨骼、肌肉的成長。

腦下垂體後葉荷爾蒙

抗利尿激素（ADH）

作用部位 腎臟

功能 促進腎臟調節水分，避免利尿。

催產素（信賴荷爾蒙）

作用部位 乳頭

功能 促進乳腺肌肉收縮，排出乳汁；亦能促進子宮收縮。

腦幹的構造與功能

腦幹位於大腦下方，形狀細長。
由上到下分別是中腦、橋腦與延腦。
這裡是調節呼吸作用與心血管等維持人體生命的中樞。

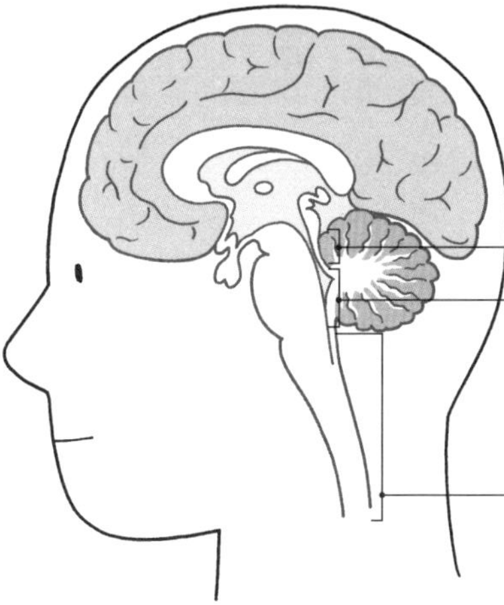

中腦
由被蓋、上丘、下丘與紅核等組成，掌管眼球運動、瞳孔收縮等各類反射動作。

橋腦
負責顏面的感覺及咀嚼動作之外，也和小腦連結，發揮作用。

延腦
自律神經中樞，咳嗽、噴嚏、發聲、吞嚥、唾液分泌與流汗等神經核，也都位於這裡。

延腦是大腦、小腦與脊髓的中繼站。我們全身的感覺訊息、來自大腦的命令等等傳遞訊息的神經，都集結在這裡，因此延腦是非常重要的器官喔！

鬍子老師小教室

太放鬆反而會興奮

動物一興奮，交感神經便開始活躍，抑制副交感神經。反之，放鬆時會促使副交感神經開始活躍，抑制交感神經。這就是自律神經的運作，兩者是否平衡會影響身體健康。

自律神經當中控制交感神經的，是延腦吻端腹外側（Rostral Ventrolateral Medulla，RVLM）。

有實驗發現，大鼠在無法活動的情況下，延腦吻端腹外側的樹狀分支會增加，導致交感神經變得過於敏感。

運動不足會導致心煩氣躁、血壓上升，這事眾人皆知。該實驗說明了這種現象的理由。由此可知，一昧放鬆不見得好，凡事必須有所節制。

＊Mischel Na et al Camp Neurol. 2014

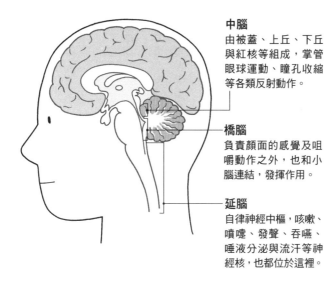

掌管動作協調 小腦

管理學習技能與步行運動等等

小腦懸於大腦下方，重量大約120到140公克，占了整個腦部的一成左右，構造與大腦類似，表面是小腦皮質（※1），內部神經聚集的地方稱爲「白質」（※2）。小腦皮質的皺紋比大腦細，表面積更大，神經細胞的數量大約爲一千億個。

小腦除了涉及學習運動或演奏樂器等細膩動作，也是調節動作與平衡的中樞，因此小腦一出現異常，動作便會失調，出現搖晃或步態障礙等現象。

平衡感覺的中樞

小腦分爲新小腦、古小腦與原小腦。新小腦具備自動化大腦傳送的運動指令加以反饋的功能；古小腦與原小腦彙整來自三半規管與肌肉的資訊，維持平衡，與維持姿勢、調節細部動作等相關。此外，手腳與眼睛等處的運動，也是由小腦透過腦幹與脊髓，直接傳送指令到身體各處，加以調節。

近年來的研究發現，小腦除了與短期記憶、控制注意力和情緒、情感、複雜的識別能力、制定計畫的能力有關之外，也與自閉症、思覺失調症（※2）等疾病和障礙有所關聯。

※1【小腦皮質】
位於小腦表面，占了小腦相當大的比重（灰質），分為分子層、顆粒細胞層與浦金埃氏層，每一層分別由不同的神經細胞組成。

※2【白質】
位於小腦深層，屬於中樞神經組織，缺乏神經細胞的細胞體，主要是神經纖維聚集延伸之處。

※3【思覺失調症】
舊譯名為「精神分裂症」，特徵為出現幻覺與妄想等症狀的精神疾病。此外，還會出現日常生活無法與人正常交談、缺乏病識感等症狀。

小腦的構造與功能

小腦位於大腦後方，腹側連結橋腦與延腦。
負責控制動作協調和身體平衡等等。

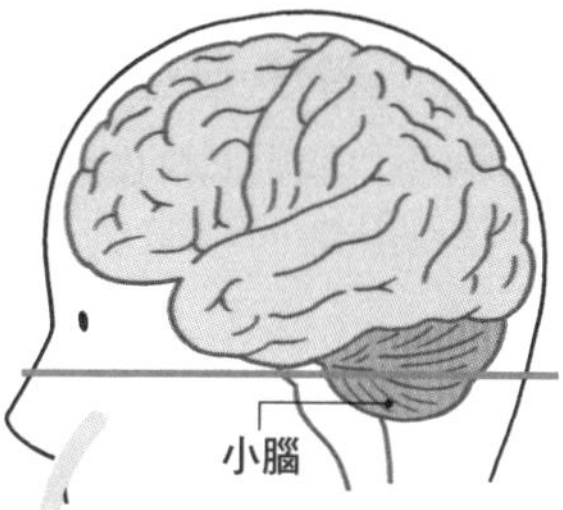

小腦上方扁平，下方突出，左右兩側膨大，膨大的地方稱為小腦半球，中央狹窄的地方稱為蚓部。

由腦幹處看小腦

原小腦（前庭小腦）
協調頭部與眼球運動、維持身體平衡等等。

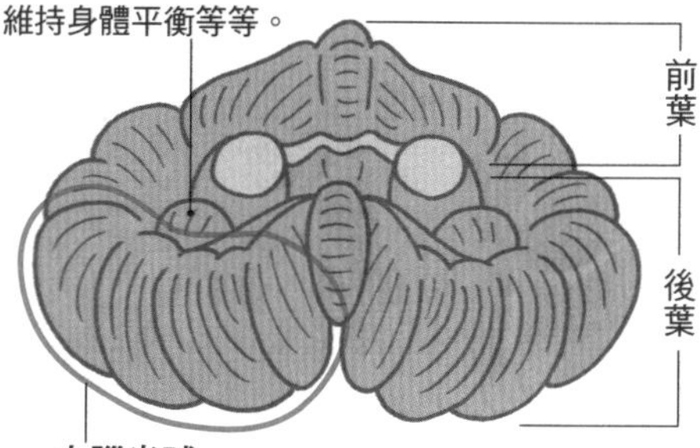

中間：古小腦（脊髓小腦）
調整姿勢、步行和軀幹等等。

側面：新小腦（大腦小腦）
影響動作起始和處理語言，控制動作順暢。

小腦剖面圖

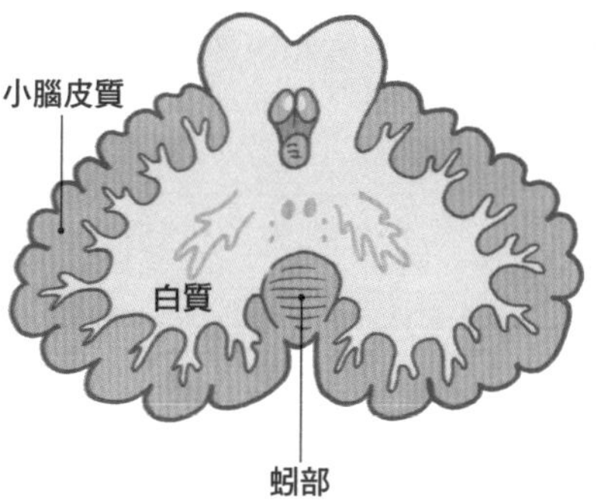

重複做固定動作會在小腦中建立內部模型，形成「身體的記憶」，也就是「內隱記憶」（參見122頁）。

走路快跌倒時，身體會反射性調節平衡；打瞌睡時身體搖來晃去後又回復原本的姿勢等等，都是小腦發揮功能的關係。

專欄

6

喜歡咖啡還是紅茶，是基因決定的！

為了保護身體不受有害物質傷害，苦味相當於身體自備的警報系統。然而這個警報系統對於咖啡所含的咖啡因似乎不會生效，甚至有研究報告指出，愈能感受到咖啡苦味的人，咖啡喝得愈兇。

過往的研究早已指出，人類覺得苦味強烈與否，是由特定的多項基因決定。然而研究敏感與否和咖啡、紅茶攝取量的關係，還是頭一遭。

除了咖啡因，奎寧、丙硫氧嘧啶（PROP）等成分中也含有苦味。奎寧是奎寧水的苦味，丙硫氧嘧啶是花椰菜和高麗菜等蔬菜的苦味。然而這些苦味比咖啡因淡得多，大家或許感受不太到。

有研究結果顯示，基因愈能強烈感受咖啡苦味的人，咖啡喝得愈兇，紅茶反而喝得少。其實紅茶茶葉的咖啡因比咖啡豆含量高，但兩者沖泡之後，卻是咖啡的咖啡因含量較多。感受得到咖啡因苦味的人，可能愈會喜歡咖啡。近年來發現人類許多現象都與遺傳相關，連對於苦味的感受方式都受基因影響，實在出乎意料。

順帶一提，倘若基因能強烈感受到奎寧和丙硫氧嘧啶等不明顯的苦味，紅茶就會喝得比咖啡多。

＊ Cornelis MC et al Sci Rep. 2018

第6章

腦與未來

腦科學與人工智慧、腦機介面等日新月異的科技息息相關。
彷彿只會出現在科幻小說中的事物，
或許在不久的將來就會實現呢。

面對腦，面對人類

可惡……
學長……
敲鍵盤
敲鍵盤
敲鍵盤 敲鍵盤
敲鍵盤 敲鍵盤
腦與心研究室
……由於發生這種事，
學長從那天之後，一直鑽研RD的研究……
今天也不來上講座……
……
我們今天也到戶外上課吧！
咦？

國立科學博物館
未來世界的主角
AI
科學技術的發展
AI人工智慧……
鬍子老師！

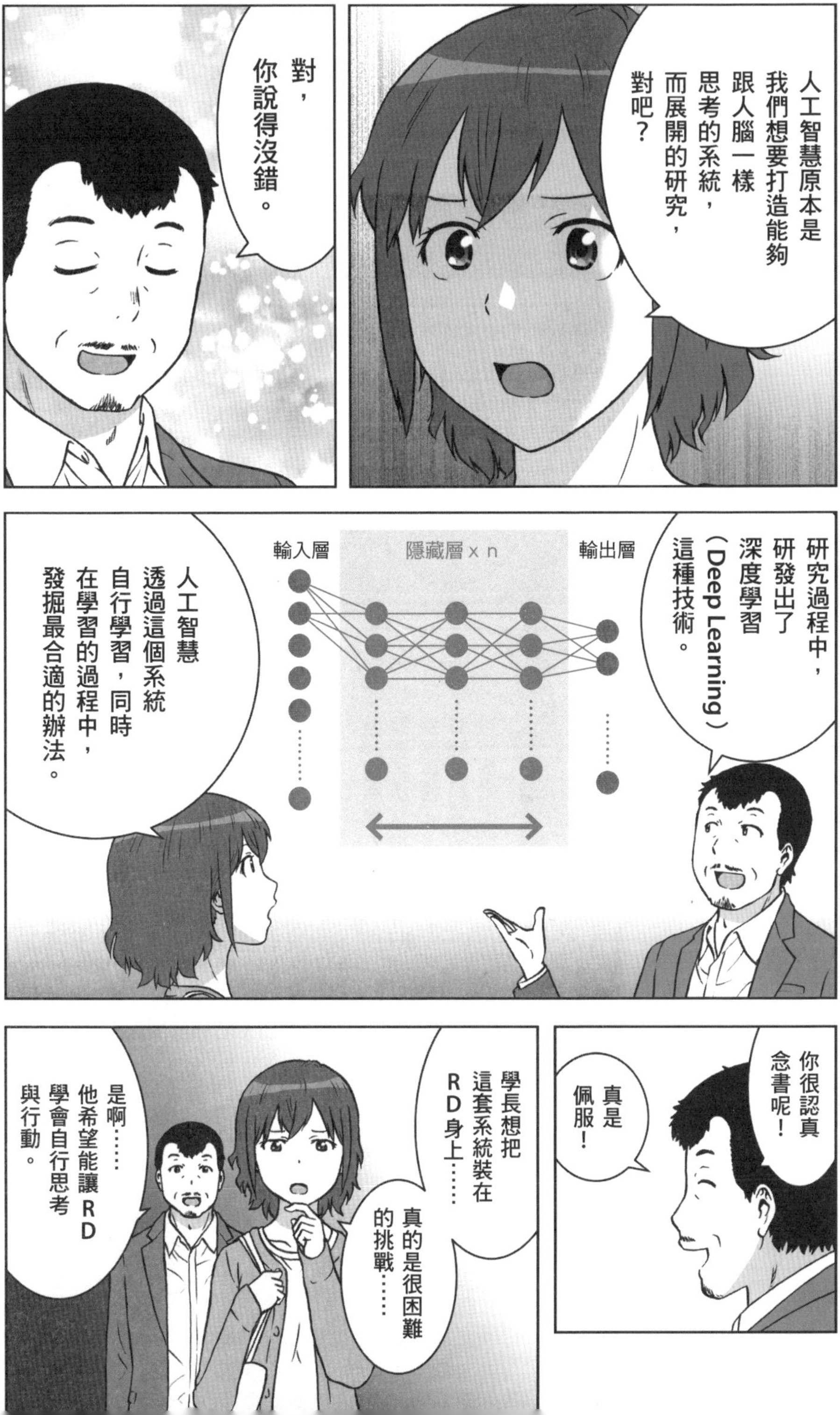
人工智慧原本是我們想要打造能夠跟人腦一樣思考的系統，而展開的研究，對吧？
對，你說得沒錯。
研究過程中，研發出了深度學習（Deep Learning）這種技術。
輸入層
隱藏層 x n
輸出層
人工智慧透過這個系統自行學習，在學習的過程中，同時發掘最合適的辦法。
你很認真念書呢！
真是佩服！
學長想把這套系統裝在RD身上……
真的是很困難的挑戰……
是啊……他希望能讓RD學會自行思考與行動。

看到RD出問題，學長馬上當場修正的樣子……
真的是不斷反覆嘗試與修正錯誤……
我一方面希望學長的研究能順順利利，
一方面……又覺得實在好辛苦……
我記得你的目標是當老師，對吧！
呃……是。
老師這份職業難道只是教導學生課本上的知識而已嗎？
不，我覺得課本只是促使學生成長的契機而已。
正是如此，老師要面對的是人，
該如何引導人，需要經過反覆嘗試與修正。有時可能成功，也可能常常失敗。
你學長……可以說是正在面對人工智慧這個「人」，嘗試怎麼去引導它。
這就跟你將來要面對和引導學生，是一樣的。
……！
我們學習大腦的知識，加以理解，是為了促進全世界所有人成長。

老師……不好意思，
我可以去看看學長嗎？
今天的課就上到這裡囉！
謝謝老師！
腦與心研究室
太棒了！幹得好！RD！
一步一步
停住
學長的研究好像……也很順利！
學長！
要不要跟我一起去吃拉麵呢？
我請客喔！
謝謝。

人工智慧

模擬人腦而創的技術

人工智慧是模擬人腦系統

近年來人工智慧（AI）（※1）廣泛運用於各領域，例如自動駕駛系統、平板電腦的語音識別，以及同步翻譯機商業化等等。

人工智慧出現以前，操作機械或處理訊息等等，都有賴人工設定機器或訊息處理系統，而且設定機器或系統所需的處理規則，也需要事前研究。

然而出現人工智慧之後，只要讓AI大量學習準備好的資料與分類結果，AI便會自行建立規則。

人工智慧會自行學習與發現方法

人工智慧研究當中極受人矚目的一環，是「深度學習」（Deep Learning）這種技術。

深度學習是機器學習（※2）的一種，由電腦自行分析人類潛意識執行的任務，彙整其規律與規則，學習到能實踐的程度，它的基本架構是模仿人類腦神經細胞建構神經網路的原理，打造「類神經網路」系統。

機器學習的手法五花八門，包括監督學習與非監督學習：前者同時給予問題與答案；後者只給予問題，由人工智慧自行發現共通點或相似處。

※1【人工智慧（AI）】分為自動駕駛、將棋、西洋棋等，在限定領域發揮專長的「專用型人工智慧」，以及輸入多項訊息便能自行思考判斷的「通用型人工智慧」。

※2【機器學習】人工智慧自行學習，提升執行任務的精準度。

人腦的視覺與電腦的視覺

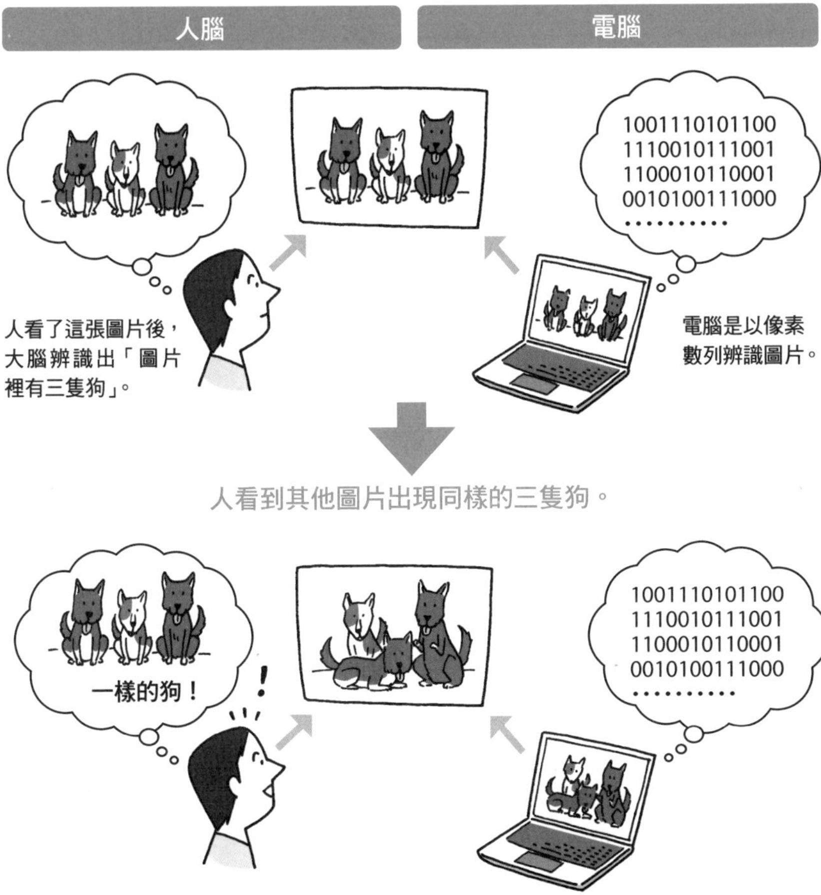

人腦
電腦
1001110101100
1110010111001
1100010110001
0010100111000
....
人看了這張圖片後，大腦辨識出「圖片裡有三隻狗」。
電腦是以像素數列辨識圖片。
人看到其他圖片出現同樣的三隻狗。
一樣的狗！
!
1001110101100
1110010111001
1100010110001
0010100111000
....

看到相同的三隻狗出現在其他圖片時，人腦辨識得出那是同一群狗，但電腦會看成是跟上一張完全不同的圖片。

電腦就算能正確畫出狗的畫像，也不過是單純的數列而已。

換句話說，人看到完全不同品種的狗時，仍能立刻分辨出「這也是狗」，這其實是很厲害的事喔。

人腦神經迴路與 AI 類神經網路

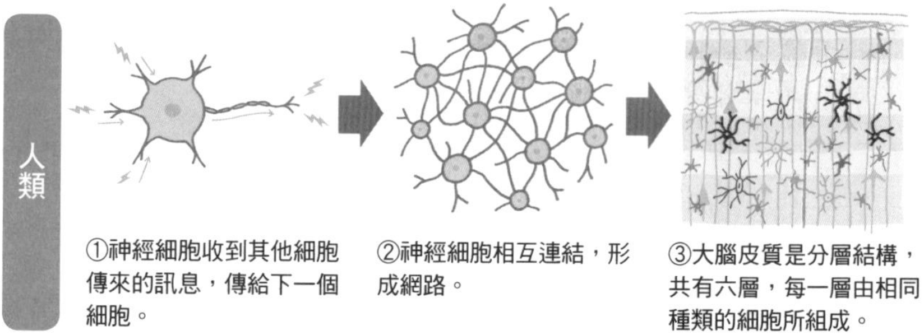

①神經細胞收到其他細胞傳來的訊息，傳給下一個細胞。

②神經細胞相互連結，形成網路。

③大腦皮質是分層結構，共有六層，每一層由相同種類的細胞所組成。

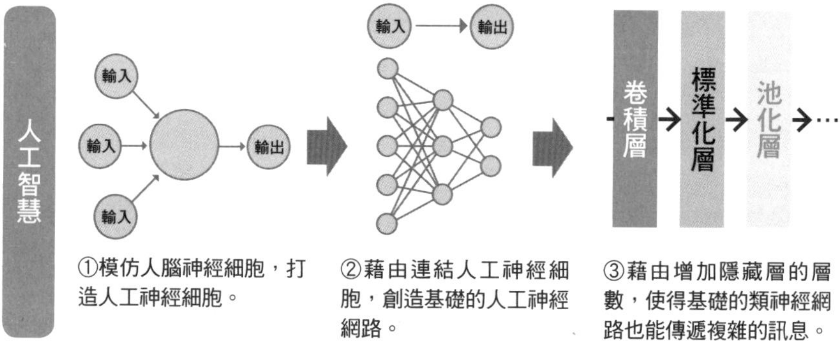

①模仿人腦神經細胞，打造人工神經細胞。

②藉由連結人工神經細胞，創造基礎的人工神經網路。

③藉由增加隱藏層的層數，使得基礎的類神經網路也能傳遞複雜的訊息。

擅長辨識影像的卷積神經網路

多層構造的類神經網路當中，最擅長辨識影像的是「卷積神經網路」。以出示「狗」的圖像和訓練神經網路正確辨識是「狗」的過程爲例：

一般的類神經網路是層狀排列人工神經細胞，以網狀連結；卷積神經網路則是透過巧妙限制神經細胞結合，卷積彙整構成圖像的大量像素訊息。實現這些過程的是「卷積層」，負責擷取形狀與特徵等等。

另外，「池化層」是處理特徵的位置，就算在卷積層取得的特徵平行移動，也看得出是相同物體。藉由建構多種卷積層與池化層，辨識圖像的準確度因而大幅提升。這和大腦處理視覺的原理十分類似。

卷積神經網路

卷積神經網路是目前人工智慧研究的主軸。
藉由建構這種模擬人類腦神經迴路的多層人工神經網路，
目前已經在許多領域產出豐富成果。

卷積神經網路的多層構造就像下圖那樣。藉由多層構造增加參考訊息，擷取圖像的輪廓、顏色與花紋等特徵，提升準確度，好更加正確的分類與辨識。

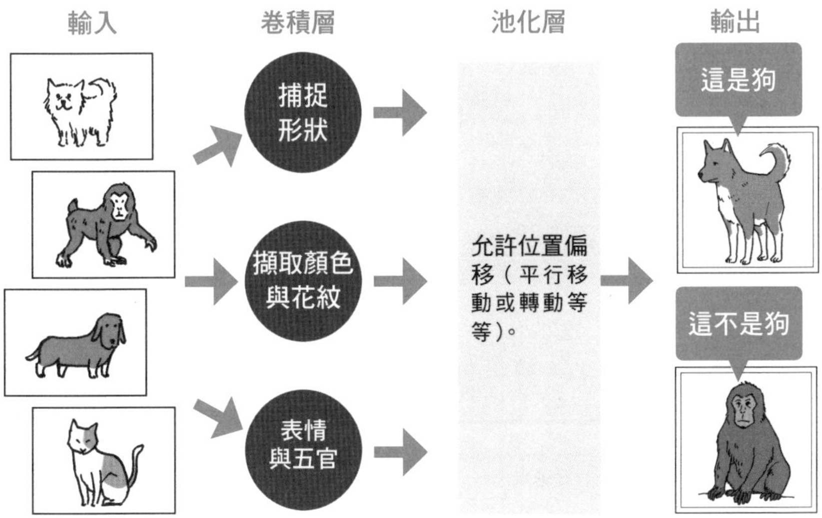

輸入
卷積層
池化層
輸出
捕捉形狀
擷取顏色與花紋
表情與五官
允許位置偏移（平行移動或轉動等等）。
這是狗
這不是狗

出示大量的動物圖像

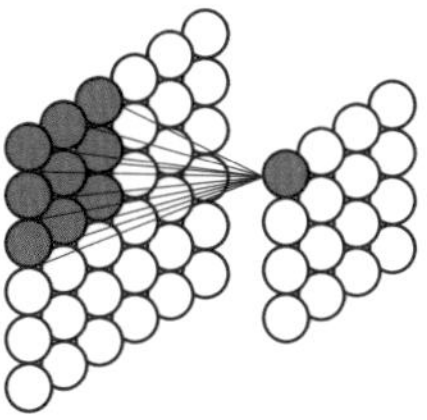

卷積層卷積彙整大量的像素訊息，擷取圖像的形狀、顏色、斑點、五官等特徵。

就算狗從圖像左邊平行移動至右邊，池化層也不會受影響，辨識得出來。

卷積神經網路透過組合卷積層與池化層等多種分層，使得人工智慧辨識圖像的準確度突飛猛進！

隨心所欲的控制機器
腦機介面

連結腦部與機器，以腦部操控機器的技術

腦機介面（Brain-Machine Interface，ＢＭＩ）是藉由連結人腦（Brain）與外部裝置（Machine），彌補人因爲疾病或受傷而失去的運動或語言能力。

行動輸出型腦機介面（※1），是由機器讀取人腦在思考或行動時，腦部神經細胞發送的電訊號，藉以操作電腦或機械手臂。由於是單憑思考表達意願與操作機器，又被形容爲「起心動念的技術」。

近來有愈來愈多的研究，運用行動輸出型腦機介面的技術，製作電動義肢和步行輔具等醫療用腦機介面。

向腦部傳送訊息，喚醒感覺

科學家已經知道，腦部是由多個細胞處理相似的訊息，行動輸出型腦機介面同樣僅需數個感應器，就能獲得必要的訊號。

另一方面，科學家也在研究如何將機械手臂的觸覺反饋到患者腦部。普遍作法是將機械手臂感應到的外界刺激轉換爲電訊號，傳送至腦部，稱爲「訊息輸入型腦機介面」（※2）。

機械手臂的指尖安裝有感應器，將感應器接收的刺激以人工轉換爲電訊號，傳送至患者腦部，患者因此感受到溫度、重量與觸覺等等。

※1【行動輸出型腦機介面】腦部與外部裝置連結，由腦部向機器傳輸運動訊息，藉以隨心所欲控制機器。

※2【訊息輸入型腦機介面】腦部與外部裝置連結，由外部裝置將感應到的訊息傳輸到腦部。

機械手臂的原理

典型的行動輸出型腦機介面，
會測量腦部神經細胞的電訊號或血液的變化，
分析測量到的腦部訊息，根據模式而分別下令。

人腦怎麼控制機械手臂「拿東西」

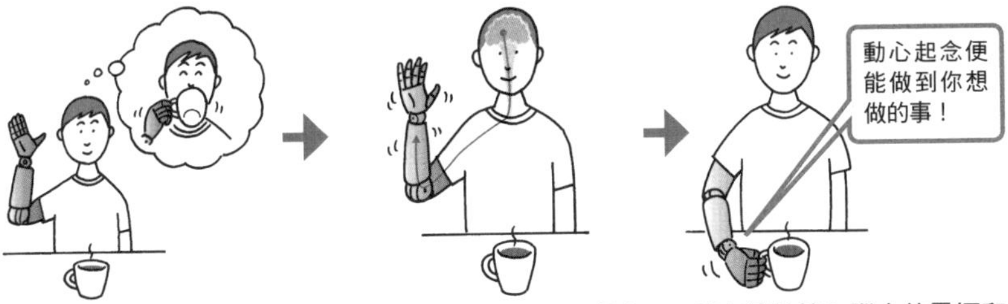

「拿東西」之前，處理「想拿東西」的大腦區域會開始活動。

電訊號透過脊椎，傳送操作手臂肌肉所需的運動訊息到肌肉。

藉由連結植入腦中的電極和外部裝置「機械手臂」，得以將腦的指令傳至手臂。

這種技術尤其能造福漸凍症患者、脊髓受損或神經損傷而逐漸失去行動能力的患者，分析患者腦部訊息時則運用人工智慧等技術。

訊息輸入型腦機介面

訊息輸入型腦機介面是透過機械傳遞訊息，刺激我們的五感。
使用者不需實際觸碰也能得知觸感，藉由人工電子耳聽到聲音，
或者藉由人工視覺重見光明等等。

人工電子耳是怎麼「聽見」的？

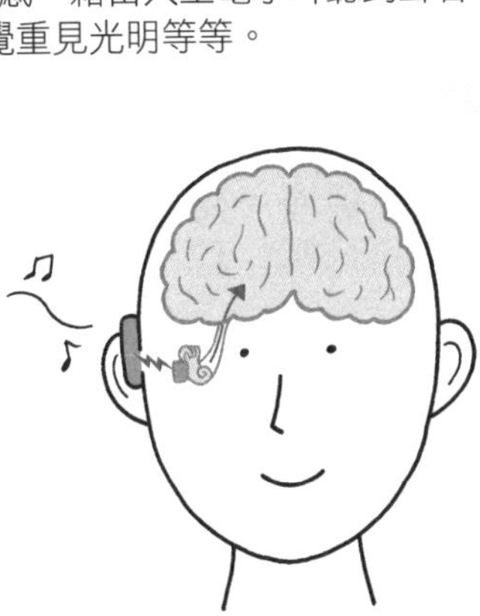

植入耳中的人工電子耳會將麥克風收到的聲音轉換為電訊號，透過內耳中的電極刺激聽神經，藉此取代耳朵的功能。

清除恐懼記憶 DecNef法

強烈的恐懼忘也忘不掉

伴隨強烈恐懼的記憶，會在腦海中留下深刻印象，造成當事人想忘也忘不了，無法擺脫痛苦。

例如遭到紅色汽車衝撞而留下恐怖的記憶，之後每當看到紅色汽車，當時驚懼的心情便再度湧上心頭。這些恐怖的記憶可能形成心靈創傷，進而導致創傷後壓力症候群。

藉由獎勵的喜悅覆蓋恐懼記憶

舒緩恐懼記憶的方法之一，是刻意讓當事人反覆觀看或想像令他恐懼的事物（例如紅色汽車），然而這種療法對部分當事人而言，反而成爲壓力。

因此利用DecNef（※1）來減弱恐懼記憶的療法，逐漸受到重視。

這種療法是在檢驗出與恐懼反應相似的腦部活動模式時，給予獎勵，藉此消除恐懼記憶。

原本當事人看到與他害怕的事物相似的東西時，都會感到恐懼，例如原本怕的是「紅色汽車」，後來連看到「紅色」都會出現相同的反應。這也是恐懼記憶難以消除的主因之一。

DecNef訓練是以收到獎勵的喜悅，取代看到紅色汽車時的恐懼。當事人經過反覆訓練後，恐懼的記憶會在不知不覺中消失殆盡。

※1【DecNef（Decoded Neurofeedback，解碼神經反饋）】結合功能性磁振造影（fMRI）與人工智慧技術，從觀察的腦部領域中檢驗腦部活動的模式。

DecNef 療法的原理

調查當事人感到恐懼時的腦部活動模式，
在檢驗出類似的腦部活動模式時，給予獎勵，
藉此消除恐怖的記憶。

利用DecNef來訓練

研究人員事前並未告知實驗對象，這項訓練的目的是要消除恐怖記憶。

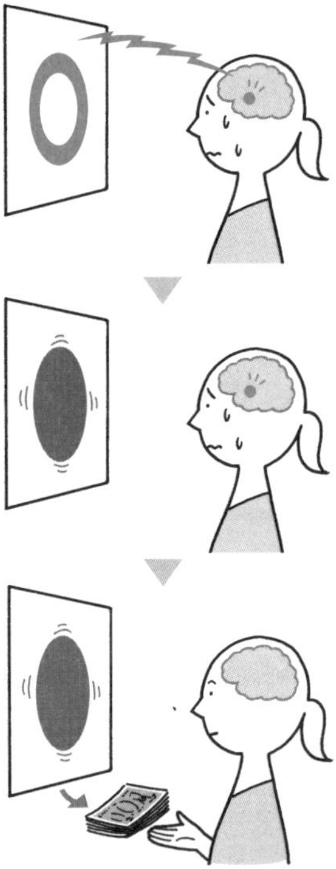

1 建立恐懼記憶

在實驗對象看到「紅色圓圈」時便電擊，重複數次，使得實驗對象只要看到「紅色圓圈」，涉及恐懼的杏仁核便開始活躍，出現不愉快或流汗等恐懼反應。

▶調查此時腦部（視覺區）的活動模式。

2 開始訓練

請實驗對象戴上功能性磁振造影儀器，回想或思考各種事物，測量此時他的腦部活動模式和看到「紅色圓圈」有多相近，以分數標示測量結果（分數越高，灰色圓圈越大）。

▶事前沒有告知實驗對象，與恐懼反應時的活動模式越是相近，分數越高，獲得的獎勵（金錢）也越多。

3 訓練結束

受試者看到「紅色圓圈」，再也不會出現恐懼反應。

受試者「紅色圓圈＝恐懼」的記憶並沒有消失，而是接著將「紅色圓圈」與「獎勵」牽連起來，讓他在潛意識中「將紅色圓圈與恐懼的關係切割開來」。

對於創傷後壓力症候群的患者，DecNef造成的壓力比其他治療方式小，因此醫界很期待這項技術日後能實際運用於醫療。

＊Hakwan Lau et al Nature Human Behaviour 2016

電流刺激腦部，促進活化
跨顱直流電刺激法

通電刺激突觸增強

跨顱直流電刺激法（tDCS）是以微弱的直流電（1~2毫安）通過頭蓋骨，通電約十到三十分鐘，藉以刺激腦部。研究報告發現，這個方法能有效改善憂鬱症（＊1）以及復健醫療常見的運動功能障礙等（＊2）。

人腦中除了神經細胞，還有輔助神經細胞的「神經膠質細胞」。

以往認爲，要提升突觸傳遞訊息的能力，只能仰賴神經膠質細胞中的「星型膠質細胞」行鈣離子活動。然而最近有研究發現，藉由跨顱直流電刺激法刺激大腦皮質，能大幅提升鈣離子濃度，從而促進突觸傳遞訊息的能力，進而活化腦部。

通電部位不同，效果也隨之改變

此外研究結果還顯示，跨顱直流電刺激法的功效五花八門，多半對控制情緒也有影響。

例如刺激背外側前額葉皮質，能有效改善憂鬱症所引發的沮喪，效果持續數週（＊3）；賭博時刺激背外側右前額葉皮質，實驗對象會迴避風險（＊4）等等。

研究還發現，刺激前顳葉甚至能促進工作記憶、語言聯想，並提升訓練大腦的課題成績達三倍以上（＊5）。

＊1改善憂鬱症：Grossman Netal Cell. 2017

＊2對於復健醫療的成效：Claire Allman et al Science Translational Medicine 2016

＊3改善憂鬱症所引發的沮喪：Fregni F. et al Appetite. 2008

＊4迴避賭博風險：Fecteau S, J Neuroscience. 2007

＊5報告指出提升工作記憶等表現：Chi RP et al PLOS ONE. 2011

藉由跨顱直流電刺激法來增強突觸

藉由跨顱直流電刺激法，通電刺激腦部，
能夠促進突觸傳遞訊息的能力，進一步促使腦部活化。

實驗

利用跨顱直流電刺激法，讓微弱的直流電通過頭蓋骨，接著觀察神經膠質細胞中的星型膠質細胞鈣離子濃度有什麼變化。

大鼠腦中的變化

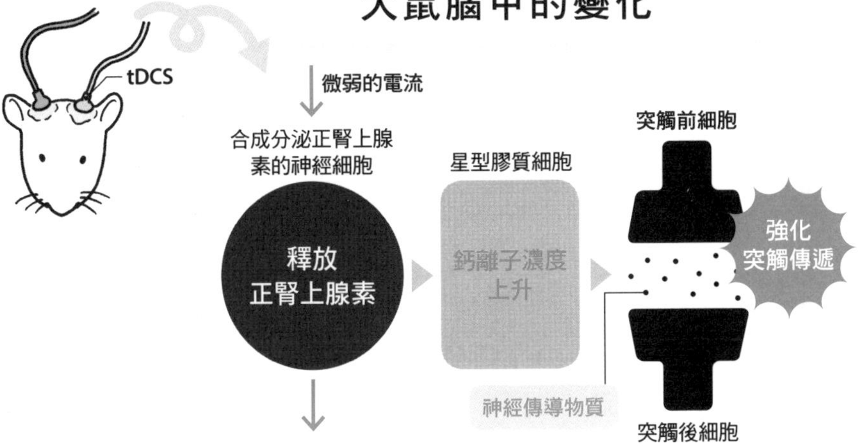
tDCS
微弱的電流
合成分泌正腎上腺素的神經細胞
釋放正腎上腺素
星型膠質細胞
鈣離子濃度上升
突觸前細胞
強化突觸傳遞
神經傳導物質
突觸後細胞

結果　電流促進正腎上腺素分泌，活化星型膠質細胞（鈣離子濃度上升）。活化的星型膠質細胞分泌某些神經傳導物質，使得突觸更易傳遞訊息。

聽到直接通電刺激腦部這個方法十分有效，我覺得距離未來的世界又近了一步。說不定哪天媒體會開始經常報導，有人在考試的前一天通電刺激自己的前額葉，希望能增加解題的靈感呢！

研究人員期待，這項研究成功後，能推動利用星型膠質細胞的療法或藥物，治療憂鬱症等精神疾病患者。

＊Hajime Hirase et al Nature Communications 2016

移植糞便，改變性格 腸道菌叢

腸道菌叢也跟腦有關

我們的腸子又稱爲「第二大腦」。腸道環境與健康狀況有關，更是長久以來的常識。

另外最近有研究顯示，「腸道菌叢」(※1)的狀態與腦部活動的模式可能也有關聯，因此腦科學家也開始注意起腸道。

有研究顯示，把「可能帶給精神狀況良好影響」的腸道菌叢移植到動物的腸道中，會發現動物變得較爲沉穩和放鬆。此時腦部出現大範圍的變化，因應不安與壓力的能力也隨之提升。

另一項以大鼠做實驗的研究則發現，腸道菌叢甚至會影響行爲。例如：相對於刻意培養腸道菌叢的大鼠，養在無菌室的大鼠出現較多不合群的行爲，也不太和其他大鼠共處。

腸道菌叢連個性都能改變！

把動物的腸道菌叢移植到其他同類的實驗「糞便移植」，也發現令人驚訝的結果：把大膽活潑的大鼠糞便，移植到膽小不安的大鼠腸道中，接受移植的大鼠會開始出現社交行爲（參見左頁）。

科學家透過這些動物實驗，發現腸道菌叢能改變行爲模式。同樣的變化也可能發生在人類身上，期待今後能有這方面更進一步的研究成果。

※1【腸道菌叢】生存於人類或動物腸道中的細菌。人類的腸道中約有三萬種細菌，總數多達一百兆到一千兆個。

腸道菌叢與個性的關係

實驗結果顯示，更換大鼠的腸道菌叢，
大鼠的個性會隨之改變。
由此可知，腸道菌叢可能影響了腦部掌管個性的因子。

實驗

準備兩隻個性迥然不同的大鼠，把個性活潑的大鼠的糞便，移植到膽小大鼠的腸道中，觀察移植後的情況。

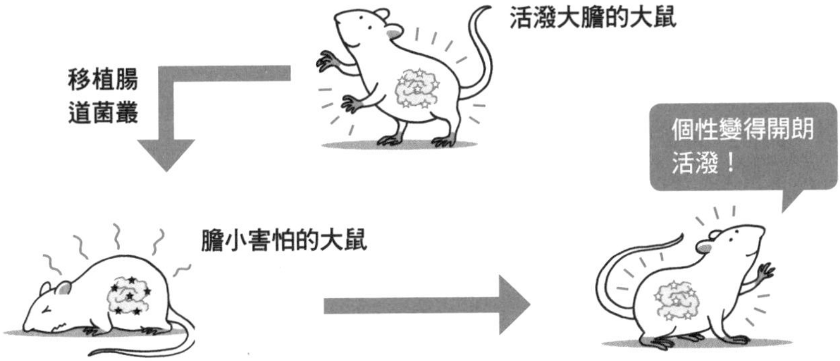
活潑大膽的大鼠
移植腸道菌叢
個性變得開朗活潑！
膽小害怕的大鼠

結果 腸道菌叢對腦中掌管個性的因子帶來影響。

＊WIRED Health 2015 (UK)

鬍子老師**小教室**

移植糞便，連口味與繁殖行為都會跟著改變！

無尾熊挑食的程度在動物界是數一數二。眾所皆知，牠們唯一的食物是尤加利樹的葉子，部分無尾熊甚至只吃特定品種的尤加利樹葉。腸道菌叢可能是影響無尾熊飲食習慣的原因之一。

科學家透過移植糞便，改變無尾熊的腸道菌叢，結果發現牠們的飲食偏好因而改變，開始吃得下其他品種的尤加利樹葉。

此外，瀕臨絕種的南白犀或許也能透過移植糞便，增強繁殖能力。藉由糞便與腸道菌叢改變行為模式的效果，現在受到許多人熱烈期待。

＊Nature 2018

學無止境……
「腦與心」的科學！

學長他
現在在做什麼呢？
鬍子老師
還是一樣，
常常在戶外上課。
之前，
他帶著來報名
講座的新生，
照例去那家KTV
唱歌。
但是跟去年
不一樣的是——
大家都很會唱呢。

關於腦與心這門學問……
我懂得比一年前要多得多了。
當我跟朋友提到「腦引起的現象」時，
大家都誇我：「真的嗎？你懂好多喔！」
我有點得意。
也希望能學到更多知識……
我不會輸給學長的！

噹啷
歡迎光臨！
請給我一杯大吉嶺紅茶！
接下來，
今天我們繼續來上腦與心的科學！

主要參考文獻

《打造「立刻行動的大腦」的37個習慣》篠原菊紀著（KADOKAWA）
《培養愛念書的孩子》篠原菊紀著（FOREST 出版）
《快速成長的動腦法：活力動腦的八八個訣竅》篠原菊紀著（法研）
《打造感興趣的大腦》篠原菊紀著（靜山社）
《「大人的圖鑑」腦與心的原理》池谷裕二審訂（新星出版社）
《了解腦與心的祕密》木村昌幹審定（學研 PLUS）
《女人愛共鳴，男人愛系統化》西蒙・伯龍—科恩（Simon Baron-Cohen）（NHK 出版）
《無法癒合的傷口：虐兒與受傷的腦部》友田明美著（診斷與治療社）
《彩色圖解：人體的正常構造與功能（全十卷縮小版）》坂井健雄、河原克雅編輯（日本醫事新報社）

主要參考網站

理化學研究所「新聞稿（研究成果）」
http://www.riken.jp/pr/
理研 CBS（腦神經科學研究中心）
https://cbs.riken.jp/jp/
腦科學辭典
https://bsd.neuroinf.jp/

※ 其他實驗的出處，直接刊載於引用的頁面。

INSIDE 22

大腦全知道！
（圖解）現代人必修的腦科學通識課
マンガでわかる 脳と心の科学

審　訂　篠原菊紀
漫　畫　姫野YOSHIKAZU

STAFF
執筆協力　千葉淳子
本文設計　谷關笑子（TYPE FACE）
插　畫　中村知史、金井裕也、山田博喜
漫畫編輯協力　MICHE Company
編輯協力　パケット
譯　者　陳令嫻
責任編輯　林慧雯
封面設計　萬勝安

編輯出版　行路／遠足文化事業股份有限公司
總編輯　林慧雯
社　長　郭重興
發行人兼出版總監　曾大福
發　行　遠足文化事業股份有限公司
23141新北市新店區民權路108之4號8樓
代表號：（02）2218-1417　客服專線：0800-221-029　傳眞：（02）8667-1065
郵政劃撥帳號：19504465　戶名：遠足文化事業股份有限公司
歡迎團體訂購，另有優惠，請洽業務部（02）2218-1417分機1124、1135
法律顧問　華洋法律事務所　蘇文生律師

印　製　韋懋實業有限公司
排　版　簡至成
初版一刷　2020年7月

定　價　450元

行路出版最新書籍訊息可參見Facebook粉絲頁
https://www.facebook.com/WalkPublishing

國家圖書館預行編目資料

大腦全知道！（圖解）現代人必修的腦科學通識課
篠原菊紀審訂，姫野YOSHIKAZU漫畫，陳令嫻翻譯
——初版——新北市：行路，遠足文化，2020.06
面；公分（INSIDE；IWIN0022）
譯自：マンガでわかる 脳と心の科学
ISBN 978-986-98913-0-1（平裝）
1.腦部　2.生理心理學　3.漫畫
394.911　109005690